"中国好设计"丛书得到中国工程院重大咨询项目
"创新设计发展战略研究"支持

"中国好设计"丛书编委会 主编

# 消费电子电器创新设计案例研究

辛向阳 主编

U0189013

中国科学技术出版社

·北 京·

**图书在版编目（CIP）数据**

中国好设计：消费电子电器创新设计案例研究 /
辛向阳主编 .—北京：中国科学技术出版社，2015.10
（中国好设计）

ISBN 978-7-5046-6863-9

Ⅰ.①中⋯　Ⅱ.①辛⋯　Ⅲ.①日用电气器具—设
计—案例　Ⅳ.① TM925.02

中国版本图书馆 CIP 数据核字 (2015) 第 250465 号

| | |
|---|---|
| 策划编辑 | 吕建华　赵　晖　高立波 |
| 责任编辑 | 高立波　赵　佳 |
| 封面设计 | 天津大学工业设计创新中心 |
| 版式设计 | 中文天地 |
| 责任校对 | 杨京华 |
| 责任印制 | 张建农 |

| | |
|---|---|
| 出　　版 | 中国科学技术出版社 |
| 发　　行 | 科学普及出版社发行部 |
| 地　　址 | 北京市海淀区中关村南大街16号 |
| 邮　　编 | 100081 |
| 发行电话 | 010-62103130 |
| 传　　真 | 010-62179148 |
| 网　　址 | http://www.cspbooks.com.cn |

| | |
|---|---|
| 开　　本 | 787mm×1092mm　1/16 |
| 字　　数 | 177千字 |
| 印　　张 | 10.5 |
| 版　　次 | 2015 年10月第1版 |
| 印　　次 | 2015 年10月第1次印刷 |
| 印　　刷 | 北京市凯鑫彩色印刷有限公司 |
| 书　　号 | ISBN 978-7-5046-6863-9 / TM·34 |
| 定　　价 | 56.00元 |

# "中国好设计"丛书编委会

# 本书编委会

主　　编　辛向阳

副 主 编　巩淼森　曹建中　王　愉

编　　委（以姓氏笔画为序）

丁锡芬　马　杰　王玮宇　车生然　戈　文

田星宇　吴祐昕　余友杰　张志健　张　迪

张靖苑　陈　嬿　武笑宇　施王辉　秦沛力

徐娟芳　高　强　谢彬欢

本书编辑　魏瑜萱

# 总序

　　自 2013 年 8 月中国工程院重大咨询项目"创新设计发展战略研究"启动以来，项目组开展了广泛深入的调查研究。在近 20 位院士、100 多位专家共同努力下，咨询项目取得了积极进展，研究成果已引起政府的高度重视和企业与社会的广泛关注。"提高创新设计能力"已经被作为提高我国制造业创新能力的重要举措列入《中国制造 2025》。

　　当前，我国经济已经进入由要素驱动向创新驱动转变，由注重增长速度向注重发展质量和效益转变的新常态。"十三五"是我国实施创新驱动发展战略，推动产业转型升级，打造经济升级版的关键时期。我国虽已成为全球第一制造大国，但企业设计创新能力依然薄弱，缺少自主创新的基础核心技术和重大系统集成创新，严重制约着我国制造业转型升级、由大变强。

　　项目组研究认为，大力发展以绿色低碳、网络智能、超常融合、共创分享为特征的创新设计，将全面提升中国制造和经济发展的国际竞争力和可持续发展能力，提升中国制造在全球价值链的分工地位，将有力推动中国制造向中国创造转变、中国速度向中国质量转变、中国产品向中国品牌转变。政产学研、媒用金等社会各个方面，都要充分认知、不断深化、高度重视创新设计的价值和时代特征，共同努力提升创新设计能力、培育创新设计文化、培养凝聚创新设计人才。

好的设计可以为企业赢得竞争优势，创造经济、社会、生态、文化和品牌价值，创造新的市场、新的业态，改变产业与市场格局。"中国好设计"丛书作为"创新设计发展战略研究"项目的成果之一，旨在通过选编具有"创新设计"趋势和特征的典型案例，展示创新设计在产品创意创造、工艺技术创新、管理服务创新以及经营业态创新等方面的价值实现，为政府、行业和企业提供启迪和示范，为促进政产学研、媒用金协力推动提升创新设计能力，促进创新驱动发展，实现产业转型升级，推进大众创业、万众创新发挥积极作用。希望越来越多的专家学者和业界人士致力于创新设计的研究探索，致力于在更广泛的领域中实践、支持和投身创新设计，共同谱写中国设计、中国创造的新篇章！是为序。

2015 年 7 月 28 日

**近**十年来，设计行业发展迅速，我国正从世界制造大国向国际创造强国转变。中国工程院"创新设计发展战略研究"重大咨询项目的开展迎合了这一发展趋势，也促成了"中国好设计"丛书的产生。荣幸的是，江南大学设计学院负责"中国好设计"丛书中《消费电子电器创新设计案例研究》的编著工作。

江南大学设计学院原为无锡轻工大学设计学院，始建于 1960 年，是中国现代设计教育的重要发源地。通过不断学习和探索设计学科的国际前沿动态，坚持教育与产业实践相结合，设计学院为中国设计教育的成长做出了重要贡献，也起到了重要的示范作用。经过长期实践积累，江南大学设计学院形成了以"工业设计"为核心，多专业、多学科为支撑，注重艺术与科学相结合的"大设计"的学科特色和平实求是的学风，培养了大批优秀设计人才、技术与学术骨干，为国家经济和文化建设做出了重要贡献，学生也多次荣获中国创新设计红星奖、美国工业设计奖（IDEA）、德国红点奖（Red Dot Award）、德国 iF 设计奖（iF Design Award）等。正是基于江南大学设计学院工业设计"轻工"的特色传统及其在国内行业及学科发展的重要地位，使得本书诞生于此。

随着 IT 技术的平台化、全球供应链的不断完善、线上渠道的不断成熟以及用户体验在消费决策中的更深层次影响，知识网络时代的产品从属性构成、功能实现、加工生产、流通、消费到使用各个环节都发生了根本性的变化。本书第二章对电视、电话和冰箱等典型产品发展路径的分析说明正好验证了这一点。根据路甬祥院士提出的关于设计 1.0（传统设计）、设计 2.0（现代设计）、设计 3.0（创新设计）的进化理论以及笔者提出的设计由 Device（设备）向Content（内容）至 Platform（平台）的演变理论，课题组对消费类电子及家电产品的发展及属性变迁、用户及市场进行了深入研究，提出了《消费电子电器创新设计案例研究》的评价标准。这一标准着重强调设计 3.0 时代，当产品属性构成发生重大变化之后，一个好的设计需要关注的基本内容包括：自然、体验和经济等多重产品属性。自然属性主要关注产品或服务器物层面的功能、结构、造型、技术、质量、生态效率等方面的因素；体验属性强调了体验经济时代个人和社会、直接或间接等不同维度的用户体验对产品或服务是否被用户接受，并系统地影响广大用户的生活方式甚至文化习惯的形成；经济属性则从企业内部和产业整体两个方面衡量产品对经济的贡献，也包括对商业模式创新的影响。本案例集的评价标准尝试兼顾传统功能与未来趋势，有形物体与无形内容，个体民用与行业应用等因素，是面向移动互联的知识网络时代下设计3.0的内在规律而产生的。此评价标准植根于与人们日常生活息息相关的产品，关注体验经济下健康、绿色、可持续理念，信息、智能、物联等技术，倡导好设计、好品质、好生活，具有典型的时代性、行业性和引导性。产品三大属性的提出参考了国内外包括红星、Red Dot、iF、IDEA、G-Mark（日本优良设计大奖）等多个行业设计竞赛规则以及中国家用电器研究院发布的《家用和类似用途工业设计评价标准》。以三大属性作为本书的主要评价内容，更多的是设计3.0时代对设计对象的一种学术探索，尤其是对设计对象复杂属性的认识。项目组不指望、更不希望用任何标准和规范来量化产品的好坏。

本书不仅汇集了长虹、海尔、美的、小天鹅等传统家电产品，还收集了华为、联想、腾讯、小米等现代科技产品；不仅包括空调、冰箱、洗衣机等"白电"，电视、音响等"黑电"，还囊括了手机、电脑、空气盒子、智能健康秤等信息产品。鉴于"中国好设计"丛书的编撰是中国工程院"创新设计发展战略研究"重大咨询项目的一部分，本书中收集遵循了研究课题总体思路，把能够更好地体现设计3.0时代智能、绿色、普惠、协同、批量定制等特征的新一代产品放在了目前主流家电产品之前，一方面是希望读者通过这些具备更显著设计3.0时代特征的新型产品更多地关注设计的前沿研究和趋势变化，另一方面也因为家电行业正在发生重要的变化，比如说"白电"和"黑电"界限的模糊、内容和平台属性的介入等，课题组不希望在这一转变明朗之前过多地描述现有家电的状态。本书既对传统家电的历史进行了系统梳理，又对新兴的智能产品进行了趋势研究，诠释了创新设计的内涵和价值。

本书书名《消费电子电器创新设计案例研究》，其中的"消费电子电器"实为消费类电子与家电产品的缩略语。本书第二章开篇，对消费类电子及家电产品的概念及分类进行了定义，但是，这两者既有交叉又有融合，并在发展中产生了一定的概念迁移，因此，这种定义必然具有一定的历史局限性。此外，由于本书中入选案例并非行业协会定量的严格筛选，而是根据项目的意图而选择具有典型性、代表性的案例，进行学术性的探索，书中难免有论述不周到、不翔实的地方，敬请各位专家学者见谅，这也是项目组继续努力的方向。

本书包括五部分：

- 案例集背景与意义
- 消费类电子与家电产品概述
- 《消费电子电器创新设计案例研究》评价标准
- 典型案例介绍
- 总结与展望

衷心感谢中国工程院把这项重要而有意义的工作交付给江南大学设计学院；也感谢路甬祥院士、潘云鹤院士、徐志磊院士、孙守迁教授在学术理念上的引领和研究方法上的指导；感谢中国机械工程学会张彦敏副理事长、刘惠荣秘书在项目实施过程中各方面的指导和支持；感谢为本书案例提供产品相关信息的公司、专家及网站，感谢四川长虹电器股份有限公司创新设计中心叶根军主任、联想集团有限公司姚映佳副总裁、北京小米科技有限责任公司黎万强副总裁的大力支持；非常感谢中国家用电器研究院院长助理、研发设计中心主任兰翠芹专家耐心地提出了诸多宝贵建议。在本书出版过程中，感谢中国科学技术出版社工作人员的辛勤工作。感谢江南大学设计学院领导和同事的大力支持；感谢所有参与本书编写以及给出宝贵意见的专家、教师和学生；感谢每一位读者。

本书适用于设计学院师生和企业研发创新设计团队，也适合从事创新实践的企业领导和创业者。希望本书可以对从事设计、技术、商业的读者有所帮助。

本项目受到的资助包括：❶中国工程院"创新设计发展战略研究"重大咨询研究项目（课题九：中国好设计案例集）；❷国家社会科学基金艺术学一般项目"基于国际前沿视野的交互设计方法论研究"，项目编号：12BG055；❸江南大学自主科研计划重点项目基金"服务设计在公共事务管理中的应用研究"，项目编号：JUSRP51326A。

辛向阳

江南大学产品创意与文化研究中心

江南大学设计学院 设计哲学研究室

2014 年 9 月

# 目录
CONTENTS

**第一章** 案例集背景与意义    001

1.1 设计背景    002

1.2 产业背景    003

1.3 形成过程    004

1.4 主要意义    005

**第二章** 消费类电子与家电产品概述    007

2.1 中国消费类电子与家电产品界定与行业发展现状    008

2.2 消费类电子与家电产品设计对社会、经济、文化发展的影响    009

2.3 产品的发展历程——以冰箱、电视、电话为例    010

**第三章** 评价标准    031

3.1 设计 3.0 时代产品的基本属性    032

3.2 产品评价表    037

**第四章** 典型案例介绍    041

4.1 小米 M4 智能手机 小米科技有限责任公司    042

4.2 YOGA3 PRO 笔记本电脑 联想集团    046

4.3 HORIZON II 27 智能桌面 联想集团    050

4.4 小米盒子 高清网络机顶盒 小米科技有限责任公司    054

4.5 KZW-A01U1 空气盒子 海尔集团    059

4.6 Smart Center HW-U1 海尔智慧管家 海尔集团    063

4.7　亲宝3系　家庭智能机器人　科沃斯机器人科技（苏州）有限公司　067

4.8　路宝　智能盒子　深圳市腾讯计算机系统有限公司　071

4.9　LATIN　智能健康秤　缤客普锐科技有限责任公司　076

4.10　MUMU-BP2　MUMU血压计　广州九木数码科技有限公司　080

4.11　宝儿Shield　智能体温计　深圳市海博思科技有限公司　085

4.12　BonBon　乐心微信智能手环　广东乐心医疗电子股份有限公司　089

4.13　Cuptime　智能水杯　深圳麦开网络技术有限公司　093

4.14　顽石2代　户外防水蓝牙音箱　厦门市拙雅科技有限公司　097

4.15　窗宝W730-WI　智能擦窗机器人　科沃斯机器人科技（苏州）有限公司　101

4.16　Q1R　CHiQ电视　长虹集团　106

4.17　天赐E900U　电视机　创维集团　110

4.18　BCD-580WBCRH　卡萨帝对开门冰箱　海尔集团　114

4.19　CHiQ 537Q1B　美菱冰箱　长虹集团　118

4.20　KFR-50LW/(50586)FNAa-A1　全能王-i尊II　格力电器股份有限公司　122

4.21　QA100誉驰　空调　美的集团　126

4.22　TG80-1408LPIDG　比弗利滚筒洗衣机　无锡小天鹅股份有限公司　130

4.23　睿泉II代 RSJ-15/190RDN3-C　空气能热水机　美的集团　134

4.24　云魔方 CXW-200-EMO1T　吸油烟机　方太集团　138

第五章　总结与展望　143

附　录　147

# CHAPTER ONE | 第一章
## 案例集背景与意义

1.1　设计背景

1.2　产业背景

1.3　形成过程

1.4　主要意义

# 1.1 设计背景

设计是人类的创造性活动，设计创新推动了社会文明的进步，设计也随着人类文明进化而发展演变。路甬祥院士在其《创新设计与中国创造》文章中提到"就本质而言，设计是人类对有目的创新实践活动的创意和设想、策划和计划、是技术装备、工程建设、经营管理、商业服务和应用创新的先导和关键环节、是将信息、知识和技术转化为集成创新和整体解决方案、实现应用价值的发明创造和应用创新过程。"[1] 从农耕时代，到工业时代，再到如今的知识网络时代，设计的范畴及属性也在不断演变。路甬祥院士还从宏观的角度，分别用设计 1.0——传统设计，设计 2.0——现代设计，设计 3.0——创新设计来概括这种演变，并从更为广泛的需求维度即"个体→组织→社会"来总结设计发展的内涵和趋势，探究制造业转型发展的规律。

此外，江南大学设计学院院长辛向阳教授则从设计范畴的宏观层面及客体属性的微观层面总结了设计的发展演变：即由 Device（设备）向 Content（内容）至 Platform（平台）的转变。不难看出，辛向阳教授提出的从"设备→内容→平台"的设计变迁与路甬祥院士提出的"设计 1.0 →设计 2.0 →设计 3.0"的演变，是内在统一的。基于此，课题组以案例集为依托，力图从个体中总结普遍规律，推动"好设计"的广泛认知。

图 1-1　设计的发展演变

# 1.2 产业背景

改革开放 30 年来，我国消费类电子与家电产品行业经历了从小到大，从粗放式规模扩张到精细化创新发展的转变，诞生了一批国际知名品牌，成为我国经济发展的重要力量。与此同时，消费类电子与家电产品的蓬勃发展，极大地改变了人们的生活方式、生活质量和生活环境，引导着全社会价值观和行为方式的变革，并带动了周边产品及其产业链的快速崛起。

党的十八大提出了创新驱动发展的国家发展战略，未来 5 ~ 10 年将是中国实现从制造大国向创造强国跨越的关键时期，无论是创新制造、创新服务还是创新品牌、创新价值，都离不开创新设计。开展创新设计研究，是在当前社会与经济转型时期关系到国家和社会发展的重大课题；是面向知识网络时代，整合科学技术、社会经济、人文艺术、生态环境等多学科人才团队，共同探讨创新发展规律和趋势的重要实践。

随着中国工程院"创新设计发展战略研究"重大咨询项目的开展，"中国好设计"丛书应运而生，其目的在于通过"中国好设计"激发全社会的创造力，并积极参与创新、参与设计，提升制造业的水平和能力，促进我国从制造大国向制造强国的转变，为实现中华民族伟大复兴的中国梦而提供宝贵的"好设计"资料。

作为"中国好设计"丛书之一，本书汇集了长虹、海尔、美的、联想、小米、格力等一大批代表着国内"白电""黑电"以及其他消费类电子产品行业领先水平的知名品牌，在严格遵循设计 3.0 基本规律和特征的前提下，通过对产品的自然属性、体验属性、经济属性三个层面多重因素的综合评估、设计解读、可视化分析，精选了一批最具代表性、启发性、创新性的案例，汇编成册。

# 1.3 形成过程

图 1-2　案例甄选过程

　　本书编写的核心任务是确定案例评选标准和具体案例的筛选。在实施过程中，先后经历了行业及产品调研、评选标准制定、依照标准甄选案例、具体案例分析及撰写四个阶段。

　　为甄选出符合或贴近设计 3.0 时代特征的好产品，本书编委会前期通过多种途径收集了一百余件国内近五年来的优秀消费类电子与家电产品。这些产品中既有荣获过国际设计大奖的作品，也有国内产品大奖评选中的佼佼者；既有在国际展会上引人注目的新品，也有同类产品中销量突出的领军产品。

　　为了更全面、更深入地认识这些产品，本书编委会采取了多种形式的调研：走访家电卖场，对产品市场进行实地调查研究；入户访谈，了解产品的用户体验；拜访专家，明确产品的评价体系；联系相关企业，收集诸多关于这些产品的资料和产品背后的故事。

　　在确定评选标准后，通过对一百多件初选产品各个方面特点的分析以及通过分类、对比等研究方法，课题组反复斟酌比较，最终精选出了二十余个最具特色和代表性的案例。通过对每个案例的产品概述、产品特点描述、NEE 评估分析、3.0 趋势特点体现、产品背后的故事等板块的撰写，更全面、更生动、更专业地将这些案例展现在读者面前，并结合评价标准，从多个角度更深入地剖析产品的多重特质，让人们看到好设计背后的丰富内涵。

# 1.4 主要意义

路甬祥院士在《设计的进化与面向未来的中国创新设计》中指出，"今天和未来的设计创新，将适应和引领知识网络时代的经济社会和文化需求，促进引发新产业革命，将导致网络化、智能化、绿色低碳、全球共创分享、可持续发展。"[2]

主要意义包括：

**第一**
引导消费者购买和使用"好设计"的产品，享受好设计、好品质、好生活。

**第二**
帮助重视创新设计的企业推广"好设计"产品，提升品牌价值，提高销量，实现良性发展。

**第三**
启发设计教育者的思维，达成对设计属性的反思，推动设计教育改革。

**第四**
为消费类电子与家电产品行业的转型指引方向，为其产品战略的制定提供依据。

**第五**
为国家决策部门提供参考，作为政策制定的支撑材料。

**第六**
向全社会传播"好设计"的理念和价值，引导创新设计的普世认知。

# 参考文献

［1］路甬祥. 创新设计与中国创造 [J]. 全球化，2015，（4）：5–11

［2］路甬祥. 设计的进化与面向未来的中国创新设计 [J]. 全球化，2014
（6）：5–13

CHAPTER TWO | 第二章

# 消费类电子与家电产品概述

2.1　中国消费类电子与家电产品界定与行业发展现状

2.2　消费类电子与家电产品设计对社会、经济、文化
　　　发展的影响

2.3　产品的发展历程——以冰箱、电视、电话为例

# 2.1 中国消费类电子与家电产品界定与行业发展现状

## 2.1.1 消费类电子与家电产品分类

消费类电子产品早期是指用于个人和家庭，与广播、电视有关的音频和视频产品，随着技术发展和新产品、新应用的出现，数码相机、手机、PDA（Personal Digital Assistant，个人数码助理，一般称为掌上电脑）等产品也归属为新兴的消费类电子产品。

家用电器是指用于家庭和类似家庭使用条件下的日常生活用电器。按用途可分为：空调器具、制冷器具、清洁器具、家用保健、家用照明器具、家用电子器具等类别。

## 2.1.2 中国消费类电子与家电产品行业发展现状

改革开放以后，中国消费类电子与家电产品行业实现了从小到大的崛起，消费类电子与家电产品的迅速发展，与家庭和个人密切相关。它的发展不但影响着人们的生活方式、生活态度和生活环境，同时也引导着整个社会的价值观和行为方式，为用户提供了便捷、高效、环保的使用体验，并且也带动了周边产品和产业链的发展，是我国经济发展的重要力量。当前中国消费类电子与家电产品行业面临着市场饱和、产能过剩、成本上升以及价格战，更重要的是还面临着以怎样的核心竞争力应对日趋激烈的市场竞争等问题。这就要求众多自主品牌调整发展战略，开始踏上高端细分市场、突破创新、国际化的新征程，而在接下来的行业发展的过程中，加强品牌建设是赢得未来竞争的重要保障。

未来，我国消费类电子与家电产品行业发展的方向将是全面进入国际市场，广泛参与全球竞争，努力成为世界知名品牌。

# 2.2 消费类电子与家电产品设计对社会、经济、文化发展的影响

好的产品创新不但产生经济、社会价值，还创造文化价值，同时也是国家文化软实力的重要体现。将发展设计服务促进转型升级这一战略举措正式上升到国家层面，说明了国家对设计服务的重视又上了一个新的高度。这也给产品的设计服务带来了新的重要发展机遇，提供了更广阔的发展空间，注入了更强大的发展动力。

消费类电子与家电产品与百姓生活息息相关，其快速的变革也给老百姓带来了不同的享受和体验，其产生的社会价值也与日俱增。回顾消费类电子与家电产品发展的数年间，其市场发生了翻天覆地的变化，产品已完成从无到有、从短缺到普及的快速转变。如今，消费类电子与家电产品不但种类繁多、质量过关，而且更注重节能环保等生态元素，成为千家万户生活中不可或缺的家用产品。

我国正处于工业化中期，前期发展基本处在全球价值链的加工制造环节，造成低端价值链锁定与核心创新环节缺失，现在又面临着发达国家重振实体经济和新兴发展中国家低成本竞争的挑战，正处于发展方式转型、产业结构调整，迎接新产业革命挑战的关键时期。此时，发展消费类电子与家电行业，最需要的是向研发设计、品牌营销、产业链整合等制造业高端环节进军。同时，发展的关键是要把产品的设计创新与制造业等实体经济相结合，以设计创新推进制造业转型升级，塑造我国制造业新的竞争优势；以设计创新推进扩大内需，引导消费升级，创造经济价值。

# 2.3 产品的发展历程——以冰箱、电视、电话为例

依据路甬祥院士提出的关于设计 1.0（传统设计），2.0（现代设计），3.0（创新设计）时代的发展演变；同时，基于江南大学设计学院院长辛向阳教授提出的设计由 Device（设备）向 Content（内容）直至 Platform（平台）的演变，课题组选取了冰箱、电视和电话作为消费类电子与家电产品的典型代表，对其发展迭代和属性变迁进行了深入研究和设计解读。

## 2.3.1 冰箱

冰箱是指以低温保存食物等物品的机械设备。从工业到家用，冰箱涉及生活的方方面面，故选取冰箱为"白电"类产品代表。其本源可追溯至中国的周代，当时称为"冰鉴"。"鉴"实为木盒，将冰放入其中，供人享用。随后，明清时期出现用花梨木或红木制成的老冰箱"冰井"。不管从中国老冰箱的用材、工艺还是使用方法来说，冰箱都作为一种"奢侈品"为皇家贵族所特有。经历了无数的变迁与发展，冰箱从权贵阶层走入平常百姓的生活中。

从 S（Society，社会）、E（Economy，经济）、T（Technology，技术）三个维度对冰箱产品进行分析。就"S"而言，其涉及食品保鲜与安全、节能、环境保护等问题；就"E"而言，其涉及品牌、市场占有率、带动新型产业链、周边产品等问题；就"T"而言，其涉及生态效率、质量、能耗等问题。

故尽可能详细地对上述概念进行分类与筛选，同时进行资料的搜集，将资料搜集内容初步锁定为以下几点：❶技术突破（制冷剂、制冷技术等）；❷设计创新（冰箱尺寸、门、容量、功能等）；❸市场成功（销量、新市场、周边产品等）；❹体验创新（智能冰箱、客厅冰箱等）；❺品牌（伊莱克斯、通用电气、西门子、海尔、美菱等）。

基于对冰箱发展历程中诸多信息的分析与归纳，初步得出以下结论：❶重要革新均出自于某些固定品牌，如：伊莱克斯（Electrolux）、通用电气（General

Electric，GE）、北极（Frigidaire）、西屋电气（Westinghouse）、凯尔维纳托（Kelvinator）等。❷在交互与体验方面，多数冰箱均为直接使用，无复杂交互步骤。❸使用环境从西方少数人（有高等教育背景的职业阶层）向大众，家庭使用演变。❹市场销售无可靠数据。

　　故将上述四种分类再次进行删除与筛选，最后总结在冰箱的历史发展中起到主导作用的为两种驱动力，即技术驱动与设计驱动。其中，技术驱动是指在冰箱发展过程中，关键性技术的革新。如 1755 年首次人工制冰，1859 年首个吸附式制冷系统，1913 年家用冰箱发明，1930 年氟利昂首次使用，1987 年氟利昂被限制使用以及现在的物联网技术。设计驱动是指在冰箱发展过程中，关键性的设计风格与功能特点，如 1927 年 Monitor-Top 的出现，缩小了冰箱的体积，1933 年出现置于冰箱内侧的置物架，1935 年罗维设计的流线形冰箱，1948 年 SMEG 将彩色运用于冰箱之上，1955 年出现了对开门冰箱，1969 年将制冰机、冷饮机嵌入柜门，以及后来出现的带袖珍收音机和磁带播放功能的冰箱，现在的云冰箱等。通过归纳分析与总结，得出冰箱的发展的时间轴（如文后附图 1 所示）。

**阶段一：**

　　1755—1925 年，技术驱动型。自 1755 年首次出现了人工制冰开始，其后均为技术驱动型发展，从 1805 年美国发明家 Oliver Evans 提出了蒸汽压缩式制冷概念，1834 年 Jacob Perkins 建立了首个可运作的蒸汽压缩式制冷系统到 1854 年 James Harrison 发明了首个商用蒸汽压缩制冷系统，1859 年首个吸附式制冷系统，均为此后冰箱的产生作了铺垫。

　　现在普遍认同的是第一台家用制冷设备产生于 1900 年，为木质、锌内衬隔热冰盒，利用热气上升，冷气下降使相邻储藏室中的空气流通。1918 年，美国 Kelvintor 公司首次在市场上销售电冰箱，1922 年，两个瑞典皇家科技学院的年轻学生 Baltzar von Platen 和 Carl Munters 发明了一个利用内部吸收装置将热能转化为冷气的制冷装置，至此可以认为在对冰箱的研究上一直是以技术为主导向前推进。

阶段二：

1925—1987 年，设计驱动型。虽然在此时间段，冰箱的技术发展仍然在进行，但是，相比于整体设计驱动型发展，技术驱动型对整个发展过程起到的主导力量少之又少。仅仅在 1944—1948 年出现了氨水驱动型冰箱，自动冷冻与自动除霜技术。同时，在这一时间段，可以再次进行细分，将设计驱动型分为三个不同阶段：

a）1925—1940 年，瑞典 Electrolux 利用 Baltzar von Platen 和 Carl Munters 装置生产了 Modle D. 冰箱，将世界第一台吸收式电冰箱推向市场，为了美观，在冰箱的侧面设计了"驼峰"，将冷气装置和电器配件装入驼峰中，此时已经开始对冰箱的外观进行了设计。随后 1927 年美国通用电气生产了 Monitor-Top 冰箱，体积小，适合于普通家庭的食物存放要求，可以看出对冰箱外观的设计要求在逐步提高，正是由于 Monitor-Top 的出现，使得冰箱在 1930 年逐渐普及。随后 Frigidaire 设计了内置储物盒，1933 年 Crosley 为 Shelvador 设计了置于冰箱内侧的置物架，可以认为此时冰箱的设计已初具影响。1935 年，美国著名设计师罗维设计了流线形冰箱，奢华与便捷的全新设计在现代冰箱上仍有体现，随后又出现了冰箱内部的铝制冰块盒，肉类收藏抽屉等。

此阶段，技术上一大重要成就为：氟利昂开始使用，增加了冰箱的安全性，减小了冰箱的体积和降低价格。另外，Electrolux 生成的 Air-Cooled Refrigerator 成为第一台空气冷却性机型，也实现了人们期待已久的突破。此后，冰箱相关技术的发展相对来说非常缓慢。

至此可以认为，在设计驱动型的第一阶段，冰箱对造型、外观、功能等的设计已经进入探索阶段，并卓有成效。

b）1947—1974 年。1947 年美国 GE 公司设计了第一台拥有两个分开冷冻区域的双门冰箱，1948 年意大利 SMEG 公司设计的冰箱采用了当时所流行的战后流线形风格，大胆突破常规，采用了强烈的彩色，设计在此时已经充分得到重视，以至后面出现了冰箱内置制冰机，可滑出隔板，旋转隔板，壁挂式冰箱，中心抽屉冰箱，自制碎冰块冰箱，内置收音机，可播放式冰箱等，值得一提的是，1954年美国 Kelvinator 公司设计了第一款对开门冰箱。

对于关键性技术的发展，较为突出的为全自动除霜技术。从上述材料可看出，功能型的创新与叠加已经开始，冰箱行业在此阶段已经开始为冰箱的设计做所谓的"加法"运算。

c）1980—1987 年。1980 年开始，德国 Siemens 生产了第一款冷冻、冷藏二合一冰箱，随后 1984 年中国海尔生产了亚洲第一台四星级冰箱，至 1987 年，人们已经全面意识到氟利昂对环境的危害性，当年，氟利昂被限制使用。冰箱的设计驱动型发展在 1987 年回归至技术，或设计与技术驱动同时进行。

此阶段，冰箱的设计已基本定型，前阶段所增加的某些不必要的功能被删减，在产品发展规律中，冰箱的设计已经开始做"减法运算"。

1987—2000 年。技术驱动（主导）与设计驱动同时存在。1987 年氟利昂被限制使用，此时冰箱产业也逐渐转向技术驱动为主，意以解决冰箱使用所带来的环境问题、能源问题等，与此同时，虽然冰箱的外观已初步成型，但是设计在另一方面也起着举足轻重的作用。1989 年 Siemens 推出了零摄氏度保鲜冰箱，1993 年 Electrolux 推出了全无氟冰箱。在中国，海尔、美菱等一系列冰箱引领品牌也相继推出了无氟、节能、大冷冻三合一冰箱，保鲜冰箱，智能变容冰箱等。

与此同时，在设计方面，相继出现了平排双门冰箱、组合式冰箱、独立侧开门冰箱等。Electrolux 在 1999 年推出了全球第一款网络冰箱 Screenfridge。

由此看出，冰箱从技术驱动、设计驱动发展到了技术驱动与设计驱动并行的年代。冰箱产业也准备从设计 1.0 过渡至设计 2.0 阶段，也就是辛向阳教授所提出的 Device 至 Content 的逐渐转化。

2000 年至今。从 2000 年开始，几乎所有的电器品牌均有各自的冰箱产品，这些品牌已经不满足对于日渐成熟的冰箱工艺、造型、材料上的改变。此时，韩国 LG 推出了第一款使用互联网的冰箱，随后，就中国市场来说，出现了长虹旗下冰箱品牌美菱 CHIQ 系列，海尔旗下冰箱品牌卡萨帝系列，美的旗下冰箱品牌凡帝罗系列，均在探索自己新的发展方向。

随着物联网、云端平台等技术的发展，海信推出了博纳智能冰箱，其嵌入了 10.1 寸屏幕的搭载 Android 3.2 操作系统、内存高达 1G 的特制平板电脑，首次借助智能物联网技术手段实现冰箱的"食品管理"功能，将冰箱从信息"孤岛"借助物联云服务平台变成家庭智能终端。

2013 年韩国 Samsung 推出三星 T9000 冰箱，其支持 WiFi 网络，自带笔记应用 Evernote，还可以向用户提供新闻、天气预报，甚至 Twitter 消息，可搭载物联云服务，让用户与家人朋友分享照片、视频和食谱，让冰箱成为一个社交的平台。

由以上分析可得，冰箱经历了技术驱动向设计驱动的转化，而后又走向技术驱动（主导）与设计驱动并行，逐步达到设计 2.0 时代。

可见，冰箱已经处于 Content（内容）阶段，正在向 Platform（平台）阶段探索，如何在市场竞争激烈的今天，突破常规，做出一台符合市场需求、用户需求、经济价值的冰箱是目前所应关注的，那么，Platform（平台）或许正是为解决这一问题做出的一个宏观的答案（如文后附图 2 所示）。

## 2.3.2 电视

18 世纪 60 年代人类开始了第一次工业革命，并创造了巨大的生产力，人类自此进入"蒸汽时代"。100 多年后人类社会生产力发展又有一次重大飞跃，人类由此进入"电气时代"。电视的出现也得益于此，电视是"电视信号接收机"的通称，指用电的方法即时传送活动的视觉图像。电视机是由费罗·法恩斯沃斯（Philo T.Farnsworth）、维拉蒂米尔·斯福罗金（Vladimir Kosma Zworykin）和约翰·洛吉·贝尔德（John Logie Baird）三人各自独立发明的。但是，这三人发明的电视是有区别的，贝尔德的电视是机械扫描电视，费罗·法恩斯沃斯和维拉蒂米尔·斯福罗金的电视是电子电视。电视机距今为止发展一百多年，从科学家到富豪、企业家、农场主到所有人都能使用，一方面是技术的进步，另一方面也是在其他方面适应所有普罗大众。

基于对电视发展历程中诸多信息的收集与归纳（如文后附图 3 所示），整理出电视发展的时间规律。1883 年，来自德国的尼普科夫进行首次发射图像实验，奠定"尼普科夫"圆盘机械扫描的基本原理，后人根据这一原理发明出机械电视。20 世纪初，无线电技术广泛用于通信和广播，人们希望有一种能够传播现场实况的电视机，1925 年，英国的电子工程师约翰·洛吉·贝尔德在伦敦的一次实验中扫描出木偶的图像，被看作第一台电视诞生的标志。

与此同时，另一种图像扫描技术悄然出现，机械电视传播的距离和范围非常有限，图像也相当粗糙，无法再现精细的画面。因为只有几分之一的光线能透过尼普可夫圆盘的孔洞，为得到理想的光线，就必须增大孔洞，那样，画面将十分粗糙。要想提高图像细部的清晰度，必须增加孔洞数目，但是，孔洞变小，能透过来的光线也微乎其微，图像也必将模糊不清。机械电视的这一致命弱点困扰着人们，人们试图寻找一种能同时提高电视的灵敏度和清晰度的新方法，于是电子电视应运而生。1923 年，俄国出生的美国籍发明家兹沃雷金（Zworykin）发明电子电视摄像管，1931 年研制成功电视显像管。随着电子技术在电视上的应用，电视开始走出实验室，进入公众生活之中，成为真正的信息传播媒介。由于兹沃雷金发明可供电视摄像用的摄像管和显像管，完成了使电视摄像与显像完全电子化的过程，标志着 1933 年现代电视系统基本成型。

第二次世界大战爆发，电视产业几乎陷于瘫痪，使得刚刚发展起来的电视事业几乎停滞了 10 年。战争结束以后，电视工业又蓬勃发展起来，电视也迅速流行起来。1946 年，英国广播公司恢复了固定电视节目，美国政府也解除了禁止制造新电视的禁令。

1954 年，第一台彩色电视机诞生，当年在美国西屋电气的售价为 1000 美元。直至 20 世纪中后期，后来居上的日韩企业推动了电视产业的迅速发展，电视设计逐渐从新奇、笨重向大屏、轻薄的方向发展。

随着 1962 年美国第一颗通信卫星"电星一号"发射成功，同年哥伦比亚广播公司最早使用便携式电子摄像机，世界上任何地区发生的新闻都能通过卫星进行电视直播。电视开始以强硬的姿态关注着每一个足以改变历史进程的事件。由此在 19 世纪 70—80 年代，便携式电视机一度成为流行，移动电视时代到来，以便捷的姿态丰富着人们的生活。

1990—2010 年，电视机着力于尺寸与显像飞速发展，电视的大屏、高清时代随之到来。2009 年，一部《阿凡达》掀起 3D 电影最狂潮，此后，3D 电视乘风而来。2011 年至今，电视行业在内容方面不断发展，一系列与内容有关的服务一步一步进行探索：互联网电视、智能电视、云电视、电视盒子、电视棒等产品如雨后春笋般出现在大众视野。

至此，可将电视机发展进行阶段性的划分：机械时代、电子时代、彩电时代、移动时代、大屏高清时代、3D 时代、内容时代。经过对电视机发展历程的阶段总结，接下来，对电视机推动因素进行一些规律性地分析。从电视机的发展历程中可得出其主要推动因素为四点：显像技术、外观造型、屏幕尺寸、内容平台。

1）显像技术

1883 年，来自德国的尼普科夫首次进行的发射图像实验，奠定

"尼普科夫"圆盘机械扫描的基本原理。1904 年，贝尔威尔、柯隆发明一次电传一张照片的电视技术，每传一张照片需要 10 分钟。1923 年，来自美国的发明家兹沃雷金发明电子电视摄像管。1929 年，伊夫斯在纽约和华盛顿之间播送 50 行的彩色电视图像。1931 年，美国人发明每秒钟 25 幅图像的电子电视装置，首次把影片搬上荧幕，人们通过电视欣赏赛马会实况转播。1933 年，兹沃雷金发明可供电视摄像用的摄像管和显像管，完成了使电视摄像与显像完全电子化的过程。1949 年，美国科学家首次研制出世界上第一只三枪三束彩色显像管。1951 年，美国的 H. 洛发明三枪荫罩式彩色显像管、单枪式彩色显像管。1954 年，美国得克萨斯仪器公司制作出全晶体管电视接收机 RCACT-100，这台电视采用了 NTSC 制式，在当时，电视显像管非常昂贵，RCA 每一部电视都是亏本生意，但是当新样品上市的时候，他们用很短的时间就挽回了两倍的利润。1959 年，日本 Sony 公司研制出半导体电视机。1968 年 10 月，Sony 公司推出 KV-1310 采用特丽珑技术，1969 年研制出黑底显像管使亮度提高了一倍。1979 年，日本国家广播公司 NHK 发明了 Muse，一种高分辨率电视用模拟系统。美国前总统里根称，这项科技"关乎国家利益"。1994 年，索尼贵翔图像引擎技术诞生，索尼"贵翔引擎"融合了 CCP（组合、色差处理电路）、DRC – MFV1（数码精密显像全能调节）以及 MID – XU（多重影像驱动）等多种全球最先进的显像技术。2007 年 11 月，索尼 XEL-1 采用 Super Top Emission（屏幕发光技术）推出世界首款商用 OLED 电视，与其他技术相比，索尼 OLED 电视的优势是更薄、画面质量更好。2010 年 2 月，全球首款 3DLED 电视诞生，三星 C7000 系列具有 FullHD/1080P 分辨率，并且配备了 240Hz ClearMotion（清晰动效技术），可以有效改善动态画面的拖尾现象。2010 年 3 月，TCL 推出裸眼 3D 电视、海信推出快门式眼镜技术。2010 年 7 月，夏普 AQUOS Quattron 3D 液晶电视，将 Quattron（四色技术）运用到了 3D 液晶电视上。2010 年 8 月，松下 3D 等离子电视 VT20 系列，拥有 600Hz 的刷新率，使得 3D 等离子电视彻底解决拖尾问题，让 3D 画面的表现更为流畅。高动态清晰度的优势，让 3D 等离子在欣赏普通 2D 画面时也能够保持动态画面达到 1080P。LG Display 推出"不闪式 3D 硬屏"，不闪式 3D 相对快门式

3D 方式更不易引起用户视疲劳。2012 年 9 月 13 日，LG 84LM9600 超大屏 4K 电视机量产上市。2013 年全球首款 4K 超高清分辨率 OLED 电视，采用 56 英寸 3840×2160 分辨率的 OLED 面板，画质极其清晰，肉眼几乎看不出像素点。LG 47 英寸全高清显示屏拥有 IPS 广视角、3D 硬屏、1920×1080 分辨率、178° 广视角、不闪式 3D 等特性。

由此可见，显像技术在电视发展上占着举足轻重的地位，也是市场肯定的重要因素之一，进入 21 世纪后，显像技术在一定时间内成为市场销售中唯一的卖点，但是如今各大品牌在显像竞争中已经陷入瓶颈，1080P 电视机已经非常清晰，人类的眼睛无法分辨出像素区别。电视机未来的发展如果依然从显像技术入手，则很难进行突破。

### 2）外观造型

在技术发展尚未完善时，电视机在外观造型上开始有所文章。1928 年，美国通用电气公司设计的一款小木柜造型的电视机是最早的声画交互设备，也是现代电视机的雏形。Baird 公司推出的 Model "B" 以鸟屋造型成为首台面向消费者的商用电视机。1948 年，DuMont 公司推出的 Doghouse 以狗舍造型问世。20 世纪 20 年代后期至 40 年代，这一时期的电视机造型呈现出两大特点：木柜化、拟物化。1957 年，Teleavia 立式电视机、Phonola 移动电视逐渐摆脱拟物化、木柜化，以简洁的造型和线条呈现出优雅的姿态。

随着 1962 年美国第一颗通信卫星"电星一号"发射成功，20 世纪 60 年代电视机造型以太空元素为主，未来感强。1969 年，英国设计公司 Zarach，改造于 Sony 电视机，形似太空舱。1978 年，JVC 电视机变身后形似金字塔，拥有 7 英寸可折叠显示屏。1981 年，B&W 5 英寸黑白电视机，外号"红彤彤"。19 世纪 80—90 年代，电视机由庞大笨重进入方形台式时代。进入 21 世纪，电视机外观上由背投式演变平板式，随着屏幕逐渐变大，电视机在外观造型上已无太大变化。

### 3）屏幕尺寸

1939 年 RCA 公司推出 9 英寸电视机，1946 年英国 Baird 公司推出的 Lyric12 英寸电视机，街机游戏的前身，1947 年美国 Farnsworth 公司推出 GV-260-10in12 英寸电视机，1950 年英国 Bush 公司推出 9 英寸电木外壳电视机，1952 年 Zenith Tyler 推出 G2355 12 英寸电视机，1954 年，美国无线电公司的 CT-100 为 12 英寸屏幕。移动时代，电视机的屏幕尺寸一度缩小为 2 英寸以下，在之后的几十年中，电视机的屏幕尺寸不是重要的研究对象，直至 20 世纪 90 年代，电视屏幕尺寸逐渐变大，松下"画王"（THE ONE）系列彩电，最具代表性：29 英寸的 TC-29V1R/2H。1999 年东芝高清电视机，56 英寸。进入 21 世纪，现代 46 英寸的 E465S，2010 年夏普 LV925 系列 60 英寸和 52 英寸两种机型，2013 年，索尼推出 55 英寸 XBR-55X900A、Bravia 65 英寸 XBR-65X900A，乐视和夏普、高通、富士康等合作，推出 60 寸、4 核 1.7GHz 的超级智能电视 X60。

经过以上发展规律可见，电视机的显像技术、外观造型、屏幕尺寸构成 Device（设备）的主要组成部分，电视机在 Device（设备）阶段发展已相当完备，根据市场需求，电视机在近几年已由 Device（设备）向 Content（内容）演变。

**4）内容平台**

20 世纪电视机诞生之初，只能收看几个频道，为了接收更多电视节目，人类发明了电视机顶盒。1946 年的 RCA 630TS，算是第一款成功的商用电视机，与它同时推出的，还有一款用来增强信号的天线设备，没有它几乎无法观看任何电视节目。沃尔森在 1948 年发明了有线电视，他为了解决电视台发射信号的盲区和重影问题，用一套主接收天线接收电视信号，经与电力线共杆的同轴电缆进行信号传输并分配入户，并向当地人每月收取 2 美元，这样他们都可以收看到无比清晰的电视图像。1964 年，美国政府认为居民有权免费享用更多的电视节目，因此 FCC 规定所有电视机都必须内置 UHF 变频装置。日本 JVC 公司在 1971 年发明了 VHS 格式，并于 1976 年 10 月展示了第一台播放器 HR-3300。VCR 是电视发展史上的一次巨大成功，到 1998 年 53% 的美国家庭至少拥有一台 VCR 播放器。1995 年，美国 Real Networks 公司开发出了 Real audio/video straeming 技术，用户只要安装了 Real 播放器，就能在网上看电视、听广播，这也是世界上第一个网络电视的雏形。第一台 DVD 播放器和 DVD 碟片在 1996 年 11 月诞生于日本，次年出现在美国。DVD 颠覆了人们观影和媒体互动的方式。十年后，DVD 在美国家庭的普及率达到了 80%。1997 年，迈克·拉姆齐和几个好友共同开发了"TiVo"的数字录像机，TiVo 具备自动暂停和跳过功能，使用者可以轻松地跳过电视台插播的广告。2003 年 4 月索尼推出全球第一款蓝光录像机 BDZ-S77，标志 BD 正式走向市场，从此开始进入千家万户。2009 年，从模拟到数字电视节目的过渡引发了一个重要问题，DTA 即数模转换适配器，能够把数字量转变成模拟，正是当时人们所迫切需要的东西。2011 年，安卓系统被引入网络电视机顶盒，真正的技术拐点来了，电视机内容服务由被动变为主动，开放的安卓系统，海量的应用软件，使得以前对网络电视机顶盒应用的各种憧憬变为现实，各大公司争先推出电视盒子，苹果、小米、乐视、阿里等。2012 年，Google Nexus Q. 能在电视机上播放互联网上的电影、音乐和电视节目。创维云健康电视 E800，用户可以将测量数据保存到云平台的个人数据库中，并能随时查看历史数据变化曲线，方便用户随时掌握家庭成员的身体健康状况。康佳双通道同步云电视，同步看、同步玩、同步社交、同步交互等。2013 年，谷歌 Chromecast 电视棒产品，在同一 WiFi 环境下，用户通过 Chromecast 能将手机或平板上播放的 Youtube 视频推送到电视上。大量搭载电视内容的产品出现，市场逐渐接受，随着互联网时代的快速发展，电视内容方面逐渐完善。可见，电视机产业从设计 1.0 阶段过渡至设计 2.0 阶段。

2011 年 8 月，创维全球首款云电视搭载了云平台和智能 Android 操作系统，在电视上实现云空间、云服务、云社区、云浏览、云搜索、云应用等多种云端个性化应用，并能随时同手机、平板电脑等移动设备互联互动。2013 年 5 月，TCL MoVo UD 采用 Android 4.2 系统的全新 Google TV 平台。2014 年 1 月，雅虎内置在其他厂商电视机节目指南里的应用程序，就像 Netflix 和 Hulu 一样。但区别是，雅虎智能电视的频道导航设计精致，还可以根据用户的观看习惯揣测用户喜好。

综上表明，电视机已处于 Platform（平台）阶段，但由于从 Content（内容）阶段演变时间不长，电视机的 Platform（平台）化还不是很完善，各大品牌也处于探索中。由此，电视机产业正处于从设计 2.0 阶段向设计 3.0 过渡（如图 2-1 所示）。也遵循了辛向阳教授提出的设计由 Device（设备）向 Content（内容）直至 Platform（平台）的演变规律。电视机行业正处于市场激烈竞争中，如何满足市场需求、用

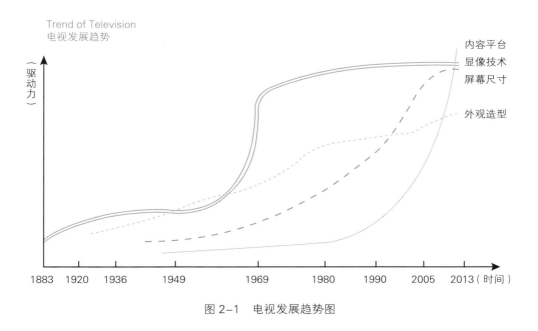

Trend of Television
电视发展趋势

（驱动力）

内容平台
显像技术
屏幕尺寸

外观造型

1883  1920  1936    1949      1969    1980    1990  2005  2013（时间）

图 2-1　电视发展趋势图

户体验、未来行业向哪个方向发展，Platform 或许是最好的答案。抓住时机，打破常规，引领创新。

### 2.3.3　电话

　　电话是利用电磁波作载体，通过适当的电或光处理技术实现人类语言信息的远距离传输与交换的通信方式。随着时间的推移，从最原始的简易电话（两个听筒之间用一根绷直的线相连）到现在的智能手机，电话作为一种通信工具不断地被完善以满足人们日益增长的需求。

　　电话的发展曲折复杂，其在发展的过程中由于使用环境的变化和其他领域的融合渗透而产生了不同的分支。以核心技术为标准可以分为以下三类（如图 2-2 所示）。

　　其中传统的有线电话在电话发展初期形成了壁挂式电话和桌面电话两个分支，壁挂式电话逐渐发展成为现在的公共电话亭，而桌面电话发展成为了现在的座机。另外在 2003 年左右，网络电话与移动电话逐渐融合，逐渐形成了以智能手机为代表的移动信息通信平台。

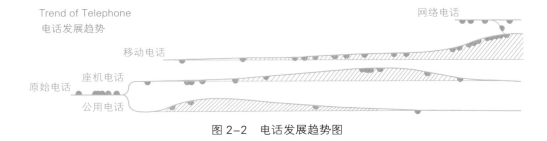

图 2-2　电话发展趋势图

电话的发展完整经历了设计 1.0、设计 2.0 和设计 3.0，由简单的通信设备逐渐演变为现代移动平台终端。

如果将电话看作是一种生物，就可以将电话的发展史看作是一场"优秀基因"数量的比拼，并且不同种类的电话之间同样存在"种间竞争"与"跨种优势"。所谓"优秀基因"是指能够更好地满足人们需求的特质，通过对收集的资料的分析，目前发现的优秀基因及其发展时间轴（如附图 4 所示）。

从最原始的固定电话到现在的智能手机，电话的固有属性不断发生着变化，即从一台语音通信设备转变成了信息交流平台的终端。而发展至今，智能手机与其说是一部电话，不如说是一台加入了电话功能的掌上电脑。这一变化与计算机技术和互联网的发展有着密切联系：在很长一段时间内，电话都仅仅具有语音通信功能，直到手机开始普及，压缩了公共电话的市场，公共电话为了继续发展开始出现了语音通信之外的功能——作为广告平台（1990s BTs KXPlus）。

1995 年，网络电话的出现则彻底打破了电话单一通信功能的局限，视频通信、多人聊天等功能开始出现。2003 年之后，网络电话与移动电话逐渐走向融合，随着手机网络从 1G 发展到 4G，手机能够传输的信息的总量、种类和速度不断提高，手机的信息处理能力逐渐接近电脑，借助互联网这样一个信息平台，手机成功地由传统电话转变为信息交流平台的移动终端。

从电话的发展来看，拥有更加方便、高效、符合直觉的操作方式的电话更容易得到发展，是电话的进化方向之一：1867 年的 Bell 电话（嘴向下说话）；1887 年 Bell 的 Box Telephone（只有一个话筒，先说再听再说）；1879 年 Williams 的 Coffin Telephone（两个话筒一上一下，上面的用来听，下面的用来说）；1909 年 Grabaphone Kellogg（话筒与听筒相连，更加符合人机工程学）。

拨号方式则由原来的人工转接（需要用户记住很多区号）发展到转盘拨号（1905 年 Strowger 11 Digit Desk Telephone），再到按键拨号（1964 年 Touch-Tone Telephone），到触屏（1993 年 Simon Telephone）再到拥有手势功能的触屏控制。电话的使用方式愈加趋向于方便、高效、符合直觉。

当电话逐渐成为人们生活的基本需要时，人们便逐渐开始对电话产生了"随时随地使用"的需求（这一点同电脑、收音机等产品有相似之处），为了满足人们的这一需求，电话的灵活性、机动性不断增强。

1880 年前后的 Three-Boxes 电话还是固定在墙上的壁挂电话，只能在室内的固定地点使用，不能移动。1890 年则出现了放在桌面上的小型电话 Taper-Shaft' Candlestick，同样在室内使用，但是可以在小范围内移动。

1905 年，第一台室外公共电话问世，人们可以在任何公共场所使用电话服务。电话从室内走向了室外。1940 年则出现了背包式的可移动电话 The Walkie-Talkie，大大扩展了电话的使用范围和灵活性。1973 年，第一部商用移动电话问世——CCphone，电话从此进入"移动时代"。之后的移动电话则变得越来越小，从"大哥大"到现在的智能触屏手机，电话的使用场景越来越广，机动性和灵活度不断提高。

从总体上看，无论是固定电话、移动电话还是网络电话，其发展都要经历技术驱动、设计驱动、商业模式驱动三个阶段，这三个阶段周期性发挥作用，推动电话不断发展。

以技术驱动为基础，当技术驱动后则由设计驱动继续发展，而商业模式驱动的出现与否取决于技术的发展速度，若在设计驱动无法继续提供产品的发展动力而技术又迟迟没有突破发展，产品就回转向由商业模式驱动继续发展，反之若在设计驱动的动力枯竭之前技术就得以再次发展，商业模式驱动的产品发展基本不会出现。

基于上述分析，故得出以下结论：

**1** 电话的发展历程完整体现了从设计 1.0 到设计 3.0 的转化。

**2** 操作更加高效，符合直觉、机动性更强、更加平台化是电话的发展趋势。

**3** 电话的发展经历了技术驱动→设计驱动→商业模式驱动的周期作用。

# 参考文献

［1］祖能.谁识老冰箱［J］. 商品与质量，2011，51:74+70

［2］海腾蛟.家用空调可燃制冷剂泄漏危险性模拟［D］. 华中科技大学，2013

［3］Refrigerator History［EB/OL］.［2014-08-15］. http://www.ideafinder.com/history/inventions/refrigerator.htm

［4］A household history of the fridge［EB/OL］.［2013-05-15］. http://www.realestate.com.au/blog/a-household-history-of-the-fridge-2/

［5］1933 AD Shelvador Crosley electric refrigerator advertising［EB/OL］.［2014-08-15］. http://www.ebay.com.hk/itm/1933-AD-Shelvador-Crosley-electric-refrigerator-advertising-/200697757070?pt=LH_DefaultDomain_0&hash=item2eba84bd8e

［6］文力.美国工业设计之父——雷蒙德·罗维［J］. 中国科技财富，2004，05:88-91

［7］意大利怀旧电冰箱.Smeg［EB/OL］.［2010-01-15］. http://blog.sina.com.cn/s/blog_4bdabb490100g276.html

［8］1955 Vintage Holiday Magazine Ad Kelvinator Refrigerator Div. of American Motors［EB/OL］.［2014-08-15］. http://www.ebay.com.hk/itm/1955-Vintage-Holiday-Magazine-Ad-Kelvinator-Refrigerator-Div-of-American-Motors-/151484158704?pt=LH_DefaultDomain_0&hash=item234528d2f0

［9］Refrigerator History［EB/OL］.［2014-08-15］. http://www.ideafinder.com/history/inventions/refrigerator.htm

［10］Seeger dry-air siphon refrigerator c 1900.［EB/OL］.［2014-08-15］. http://www.sciencemuseum.org.uk/images/i001/10186626.aspx

［11］Refrigerator［EB/OL］.［2003-10-20］. http://en.wikipedia.org/wiki/Refrigerator

［12］History1920-1929［EB/OL］．［2014-08-15］．http://group.electrolux.com/en/history-1920-1929-737

［13］RefrigeratorHistory［EB/OL］．［2014-08-15］．http://www.ideafinder.com/history/inventions/refrigerator.htm

［14］BSH Bosch und Siemens Hausgeräte GmbHHistory［EB/OL］．［2014-08-15］．http://www.fundinguniverse.com/company-histories/bsh-bosch-und-siemens-hausger%C3%A4te-gmbh-history

［15］吴晓波，许冠南，刘慧．全球化下的二次创新战略——以海尔电冰箱技术演进为例［J］．研究与发展管理，2003，06:7-11

［16］西门子冰箱全面领跑真空零度时代［EB/OL］．［2011-10-18］．http://finance.eastday.com/Business/m2/20111018/u1a6158196.html

［17］History1990-1999［EB/OL］．［2014-08-15］．http://group.electrolux.com/en/history-1990-1999-764

［18］History1990-1999［EB/OL］．［2014-08-15］．http://group.electrolux.com/en/history-1990-1999-764

［19］海信传媒参与研发的海信博纳智能冰箱获 IFA 展产品创新大奖［EB/OL］．［2012-09-10］．http://hitv.hisense.com/zxzx/201209/t20120910_38816.html

［20］900 升罕见大容量 三星冰箱 T9000 首度揭秘［EB/OL］．［2013-03-14］．http://digi.163.com/13/0314/06/8PTJFT0I0016656C_all.html

［21］R.R.Palmer，Joel Colton，Lloyd Kramer. 工业革命：变革世界的引擎［M］．苏中友，周鸿临，范丽萍译．北京：世界图书出版公司，2010.1-306.

［22］电视机［EB/OL］．［2014-11-23］．http://baike.baidu.com/link?url=Pnw7UExo18IqNSagWSk9ixSvvuN_ACTlpzzHxpObaJAu5eYPeafCZyxTQE_IMOPkL2rhInD2-Tj1pl_5IGp-3_

［23］电视机发展史［EB/OL］．［2012-11-30］．http://www.bzyzh.com/Article/ShowArticle.asp?ArticleID=2719

［24］电视发展史［EB/OL］．［2011-04-24］．http://wenku.baidu.com/link?url=10C6_XUJfqlSLHGraYthTOJsGvAahORbH4vt8NMHYYUsHTXXBiQNCVpc0qof65KeLhM8n8tpsFSknGgG1XmGbXg4rUFkeZ-vqgD1UumlW0m

［25］电视机发展史［EB/OL］．［2011-11-01］．http://www.docin.com/p- 280620 142.html

［26］电视机的发展史［EB/OL］．［2006-06-14］．http://jky.qzedu.cn/

zhsj/tyzs/dsj.htm

　　［27］电视机发展史［EB/OL］.［2011-11-01］. http://www.docin.com/p-280620 142.html

　　［28］电视的发展演变图解［EB/OL］.［2011-10-15］. http://www.360doc.com/content/11/1015/09/7916555_156310696.shtml

　　［29］电视机发展史［EB/OL］.［2012-11-30］. http://www.bzyzh.com/Article/ShowArticle.asp?ArticleID=2719

　　［30］从绝缘电木到等离子：图说百年电视机发展史［EB/OL］.［2007-08-05］. http://i.mtime.com/ustvseries/blog/507301/

　　［31］［多图］电视的发展历程［EB/OL］.［2008-06-01］. http://www.cnbeta.com/articles/56941.htm

　　［32］科技改变生活 电视机顶盒发展历程回顾［EB/OL］.［2013-03-07］. http://www.newhua.com/2013/0307/202127.shtml

　　［33］高智杰.科技不敢想象 电视机百年发展史回顾［EB/OL］.［2011-08-22］. http://article.pchome.net/content-1380752.html

　　［34］电视发展史 见证70年前的"明日世界"［EB/ OL］.［2010-03-27］. http://tech.sina.com.cn/e/2010-03-27/13243993629.shtml

　　［35］液晶电视"新大屏幕时代"到来［EB/ OL］.［2008-05-22］. http://szb.gdzjdaily.com.cn/zjrb/html/2008-05/22/content_1225083.htm

　　［36］浅析3D电影未来发展趋势［EB/ OL］.［2014-06-11］. http://media.people.com.cn/n/2014/0611/c385721-25134046.html

　　［37］2011年彩电发展流行趋势智能化、3D［EB/ OL］.［2014-11-19］. http://www.chinabgao.com/freereport/43557.html

　　［38］镜头里的"第四势力"——美国电视新闻节目［EB/ OL］.［2014-12-25］. http://www.bioon.com/book/xinjingji/for4meiti/02.htm

　　［39］从电视升级看时代发展［EB/ OL］.［2012-10-04］. http://cpc.people.com.cn/pinglun/n/2012/1004/c348268-19171478.html

　　［40］3D改变"视界"2011年3D时代发展更精彩［EB/ OL］.［2010-12-31］. http://www.pdp.com.cn/news/20838.shtml

　　［41］智能电视发展步入瓶颈 内容应用成难关［EB/ OL］.［2012-07-11］. http://info.homea.hc360.com/2012/07/110835902180.shtml

　　［42］技术霸主风光不在 细数索尼那些年那些"神器"［EB/ OL］.

［2014-02-11］. http://tech.hexun.com/2014-02-11/162030418_1.html

［43］CRT 监视器［EB/ OL］.［2014-12-25］. http://baike.baidu.com/link?url=wk1 uUtluzUxDdm1vgMeEHXJSZwt_d7EaXBfLF0uOyznmY-VioikjS3AV-jQBW9cAfaTg9ny_hAcQhd_lGqs4Fa

［44］［图集］电视机发展简史［EB/ OL］.［2014-05-05］. http://digi.163.com/ 14/0505/03/9REV05S300162OUT.html

［45］争背后的故事 索尼电视机发展史概述［EB/ OL］.［2008-11-17］. http://dh.yesky.com/31/8590531.shtml

［46］拓展全新电视产品 索尼推出世界首台 *OLED 电视［EB/ OL］.［2007-10-9］. http://www.sony.com.cn/news_center/press_release/product/1972_2756.htm

［47］三星全球首款 LED 背光 3D 高清电视正式上市［EB/ OL］.［2010-02-26］. http://news.mydrivers.com/1/157/157322.htm

［48］TCL 裸眼 3D 电视惊艳亮相［EB/ OL］.［2011-05-20］. http://ngzb.gxnews.com.cn/html/2011-05/20/content_544052.htm

［49］海信试水 3D-LED 主推快门式电视与自制 3D 内容［EB/ OL］.［2010-03-31］. http://tech.qq.com/a/20100331/000266.htm

［50］夏普推出 AQUOS Quattron3D 液晶电视［EB/ OL］.［2010-11-18］. http://tech.qq.com/a/20101118/000425.htm

［51］松下 3D 等离子电视即将苏宁首发上市［EB/ OL］.［2010-08-11］. http://www.pconline.com.cn/3g/2011/219/2192219.html

［52］LG Display 发布"不闪式"3D 硬屏 看 3D 不用担心视觉疲劳了［EB/ OL］.［2010-12-17］. http://news.sina.com.cn/c/2010-12-17/081321658340.shtml

［53］索尼全线产品推新：全球首发大尺寸 4K OLED 电视［EB/ OL］.［2013-01-08］. http://digi.it.sohu.com/20130108/n362809760.shtml

［54］LG 全球首台 84 吋 Ultra 超高清电视进驻卖场［EB/ OL］.［2012-09-14］. http://digi.tech.qq.com/a/20120914/002095.htm

［55］电视机历史案例分析［EB/ OL］.［2014-10-02］. http://wenku.baidu.com/link?url=-S_2vybGP4QX68tnC1wn7q4OwUpxht928qGJ5sT4ioLoJkfsanGiR1Qls_TpZ44WdtYU_lkxmCfFPzpxml3l8MEcO0PEqWCcHAW1REZ67D3

［56］原来电视也能这样 Y 图说百年电视发展史［EB/ OL］.［2007-10-

05〕．http://tech.sina.com.cn/e/2007-10-05/1042445357.shtml

〔57〕索尼55/65英寸4K电视月底开卖 售价3万起〔EB/OL〕．〔2013-04-09〕．http://www.kejixun.com/article/201304/6257.html

〔58〕乐视发布超级电视X60：60寸大屏 售价6999元〔EB/OL〕．〔2013-05-07〕．http://www.chinaz.com/news/2013/0507/302040.shtml

〔59〕科技改变生活 电视机顶盒发展历程回顾〔EB/OL〕．〔2013-03-07〕．http://www.newhua.com/2013/0307/202127.shtml

〔60〕网络电视机顶盒凭借安卓系统让普通的电视机实现智能化的提升，是一种简化的电脑设备〔EB/OL〕．〔2013-07-10〕．http://www.sztengshang.com/ch/New-1129.html

〔61〕谷歌进军客厅的那些产品 至今尚未有一款成功〔EB/OL〕．〔2014-6-27〕．http://digi.tech.qq.com/a/20140627/006595.htm

〔62〕监测家人健康 创维E800健康云电视评测〔EB/OL〕．〔2012-09-05〕．http://tv.pconline.com.cn/lcd/reviews/1209/2928804_all.html

〔63〕康佳双通道同步云电视X8100鳌头初占〔EB/OL〕．〔2012-07-03〕．http://tech.ccidnet.com/art/33947/20120723/4076343_1.html

〔64〕谷歌Chromecast是什么？Chromecast多少钱？〔EB/OL〕．〔2014-12-25〕．http://product.pconline.com.cn/itbk/jd/chromecast/1307/3402082.html

〔65〕电视的再次变革 创维发布云电视新品〔EB/OL〕．〔2011-08-11〕．http://www.pcpop.com/doc/0/697/697864.shtml

〔66〕TCL 4K电视MoVo UD将配安卓4.2，使用Google TV技术〔EB/OL〕．〔2013-05-16〕．http://www.expreview.com/25547.html

〔67〕雅虎发布智能电视平台 与三星结盟〔EB/OL〕．〔2014-01-10〕．http://tech.sina.com.cn/i/2014-01-10/22229087145.shtml

〔68〕谭小金.移动电话产品发展趋势分析〔J〕．电池工业，2002，01:39-43.

〔69〕包东智.固定电话的发展前景及应思考的问题〔J〕．电信快报，2004，07：41-43

〔70〕文戈.固定电话的发展方向探析〔J〕．信息通信，2013，03:253.

〔71〕郝明.网络电话发展的现状及未来发展趋向〔J〕．河北建筑工程学院学报，2007，02:114-115

〔72〕TELEPHONES OF THE BELL SYSTEM: REPRESENTATIVE MODELS〔EB/OL〕．〔2012-11-12〕．http://www.antiquetelephonehistory.

com/western.php

[ 73 ] Telephone History [ EB/OL ]. [ 2014-08-24 ]. http://www.privateline.com/TelephoneHistory2A/Telehistory2A.htm

[ 74 ] The Telephone on P. E. I. - Early Telephones [ EB/OL ]. [ 2005-09-1 ]. http://www.islandregister.com/phones/telephones.html

[ 75 ] the Antique Telephone Archive [ EB/OL ]. [ 2010-10-12 ]. http://www.telephonearchive.com/phones/wood/we_vanity.html

[ 76 ] The evolution of telephones [ EB/OL ]. [ 2012-10-02 ]. http://www.cbsnews.com/pictures/the-evolution-of-telephones/10

[ 77 ] The Phonebooth [ EB/OL ]. [ 2012-11-12 ]. http://thephonebooth.com

[ 78 ] A brief history of the telephone box from its origins to the present day [ EB/OL ]. [ 2009-11-22 ]. http://www.redphonebox.info/history.html

[ 79 ] Mobile Phone History [ EB/OL ]. [ 2012-11-12 ]. http://www.mobilephonehistory.co.uk/lists/by_year.html

[ 80 ] The History of VoIP and Internet Telephones [ EB/OL ]. [ 2012-11-12 ]. http://getvoip.com/blog/2014/01/27/history-of-voip-and-internet-telephones

[ 81 ] Motorola SCR-300 [ EB/OL ]. [ 2014-09-22 ] http://en.wikipedia.org/wiki/SCR-300

[ 82 ] Motorola DynaTAC [ EB/OL ]. [ 2014-09-22 ] http://en.wikipedia.org/wiki/Motorola_DynaTAC

[ 83 ] The world's first mobile phone .By BEN CLERKIN [ EB/OL ]. [ 2008-05-13 ]. http://www.dailymail.co.uk/news/article-566042/Revealed-The-worlds-mobile-phone-size-dustbin-lid--range-just-half-mile-1902.html

[ 84 ] Motorola MicroTAC 9800X [ EB/OL ][ 2009-09-22 ] http://www.mobilephonehistory.co.uk/motorola/motorola_9800X.php

[ 85 ] Sony Ericsson P910 [ EB/OL ]. [ 2014-09-22 ] http://en.wikipedia.org/wiki/Sony_Ericsson_P910

CHAPTER THREE | 第三章

# 评价标准

3.1 设计 3.0 时代产品的基本属性

3.2 产品评价表

随着设计对象不断丰富与复杂化，以及设计参与经济和文化生活的不断深入，重新理解和界定设计对象的属性是设计的价值创造过程被社会更清晰和广泛认知的重要手段。本书编委会通过对"设计 3.0"语境下设计对象的分析，提出产品的多重属性框架，并且深入对属性构成、内在关联、设计评判等问题进行了探讨，一方面引导设计领域对于全球网络经济时期产品及其背后设计思维、方法的正确认知；另一方面为更高层面的产业转型、商业创新、价值主张提供决策依据。

# 3.1 设计 3.0 时代产品的基本属性

在设计 3.0 时代，技术平台化、全球供应链的持续完善、线上渠道的相继成熟及用户体验在消费决策中更深层次的影响，使得产品从属性构成、功能实现、加工生产、流通、消费到使用各个环节都发生了根本性的变化。设计的重点也从关注有形的物品，拓展到无形的服务、组织、系统、活动等。优良的产品已突破设计 2.0 时代过于强调技术、造型、功能等传统自然属性，和追求企业内部效益最大化等经济属性的局限，更强调以问题为导向，以生活方式、情感满足等体验属性为核心，追求生活质量、文化符号、生态效率、企业战略和商业模式等更大范围的产品特质。

重新理解和界定产品的基本属性是设计的价值创造过程被社会更清晰、广泛认知的重要手段。随着产品不断地丰富与复杂化，以及设计参与经济和文化生活的不断深入，本书编委会经过深入研究和广泛认证认为：自然属性（Natural）、体验属性（Experience）和经济属性（Economic）（简称 NEE）基本概括了设计 3.0 时代产品的多重属性，是好设计产品最为重要的评价内容。

图 3-1　好设计产品评价标准所依据的三重属性（NEE 模型）

如图 3-1 所示，产品三大属性之间相互依存、互为补充，缺少其中任意一个或过分强调某一个都是不科学、不全面的，只有兼顾三者的产品设计才是"好设计"。需要明确的是，三大属性所构成的 NEE 模式是动态的，在不同时代、不同产业领域三者之间的权重可能有所差异，应在设计实践和产品评价中适时、适地、适当地考虑。

### 3.1.1 产品的自然属性及其评价要素

自然属性是产品的基本属性，是产品存在的前提条件，也可理解为器物属性或物理属性。设计 1.0 和 2.0 时代，产品设计更多地关注于造型和功能等自然属性。在设计 3.0 时代，产品不但要有用、好用，而且应吸引用户。在该前提下，产品自然属性相应地发生了改变：一方面其构成要素得以拓展；另一方面，随着体验属性重要性的提升，自然属性在产品设计中的权重及关联因素也发生了改变。本案例集将产品的造型、功能、质量、技术、内容、生态效率六个方面的要素作为产品自然属性的主要评价指标（如图 3-2 所示）。

图 3-2 产品的自然属性及其评价要素

**造型** 是产品的有形体现。优良的造型设计既是产品差异化的视觉表现，也是传递企业文化、塑造良好品牌、吸引消费者的重要载体。因此，造型的整体协调性、所体现的流行趋势、所适应的使用情景（情景针对性）、品牌特征是其设计需要重点考量的因素。

**功能** 是产品的内在机能属性，也是产品之于消费者的价值根本。产品功能一般可用是否合理、是否完整、是否强大，以及现有功能的拓展性如何（延展度）来描述其好与坏。功能的实现，是产品设计的关键内容。

**质量** 是产品功能的实用价值体现。消费者在购买产品过程中，质量的好与坏是最为重要的决策因素之一，通常可以用可靠性，以及塑造可靠质量的加工工艺（优与劣）来评价产品质量的好与坏。

**技术** 是驱动产品创新的关键因素之一。对于优良的产品设计，其技术在先进性、稳定性、兼容性等方面一般具有较好的体现。但需要明确的是，技术不是产品自然属性的全部内容，只是其中一个方面。

**内容** 是伴随着电子化、互联网等技术的出现而赋予物质产品的非物质成分，是设计从有形向无形拓展的重要体现，尤以消费类电子产品为典型。如智能手机，其"内容"在于手机所装载的各种 App 应用，它们是支撑有形硬件存在的核心要素。产品内载的各种数字电影、图片、音乐、书籍、文稿、软件应用等都可以称为"内容"，即一种数字化的信息和知识。内容好坏的评判，通常可以用是否合理、是否健康、适时更新等来衡量。

**生态效率** 是指产品对于自然环境的关怀和影响。产品的材料、加工工艺等在生态方面的直接表现就是能耗的高与低，而更高层面则是对于所在生态系统的关联影响。因此，好的产品设计需要关注其从诞生到投入使用，再到报废的全生命周期的生态效率问题，这种演变的路径称之为生态足迹。

总之，自然属性是产品存在的基本前提，是驱动产品创新的关键因素，但不是全部因素。

### 3.1.2 产品的体验属性及其评价要素

设计 1.0 和设计 2.0 时代更多关心的是人类的生存手段，设计 3.0 时代关注的是产品赋予用户及利益相关者心理、生理的感受，即体验。作为一种产品

图 3-3　产品的体验属性及其评价要素

属性，体验的独特之处在于其价值可长久存在于每个用户的内心。正如 B.
Joseph Pine II 和 James H. Gilmore 在《体验经济》一书中所说的，精心设
计用户的体验是一切伟大产品的灵魂。

　　如图 3-3 所示，产品的体验属性可从基于社会的宏观视角和基于个体的
微观视角、从直接影响和间接影响等维度加以划分，主要包括：使用体验、生
活方式形成、广泛利益、文化构建四个层面的要素。

　　使用体验是用户在使用产品过程中的直观感受，如舒适、清晰、轻巧、温暖、
安全及产品细节所体现的人性关怀，归纳起来主要包括人机交互、情感两个要素。

　　生活方式是产品设计前期的重要内容。用户及其所在群体的生活方式可
作为设计创新的重要依据。好的产品设计应引导用户形成良好的生活方式，主
要包括生活环境、生活习惯、生活态度、生活质量四个要素。

　　广泛利益是消费者或用户通过产品带来的体验所引发的更为宏观的影响。
如产品的直接用户的良好体验，必将导致间接用户情感方面的改变，这种影响
所波及的范围及所呈现的社会责任均属于广泛利益。

　　文化构建是基于人类社会、人文环境、时代特征等意识形态层面更为广
泛的价值。突破性的产品设计在一定程度上是当时社会文化形态的集中体现即
时代符号，构成产品创新的重要参考因素。文化构建包括当时社会大众的审美

趋势、行为模式、符号与内容、社会价值观等因素。

　　总之，体验属性是基于产品内涵语意及其外在影响的深层描述，它强调产品与人之间的情感"交流"与"互动"，是设计 3.0 时代产品评价的重要内容。美国著名学者 Jonathan Cagan 和 Craig M.Vogel 指出，未来的经济将取决于公司讲述并销售故事的能力，设计师的设计过程是理解用户需求并创造相应的产品和服务，为用户提供良好的体验。

### 3.1.3 产品的经济属性及其评价要素

　　这里所述的经济属性区别于设计 1.0 和设计 2.0 时代过分强调消费者个体对于产品的经济支出以及企业的经济收益。如图 3-4 所示，设计 3.0 时代产品的经济属性可从两个层面来评价：其一，要体现企业内部的盈利性、产品的市场占有率以及对于企业品牌价值的贡献；其二，要特别突出产品所引发的产业影响，如商业模式的改变、周边产品种类及规模的拓展、带动或创造全新产业链的繁殖能力等。如果说企业内部影响是产品经济属性的微观层面，那么产业影响则是经济属性的宏观层面，它可上升到国家层面成为经济政策制定的重要依据。

　　总之，经济属性是产品对企业、产业及国家发展的实际经济输出和价值贡献，是产品被规模生产的推动力。良好的经济属性是延长产品生命周期、平衡产业链、可持续迭代创新的重要源泉，也是产品走向商品的关键因素。

图 3-4　产品的经济属性及其评价要素

# 3.2 产品评价表

设计 3.0 时代产品三大属性及其构成要素的提炼和总结，为产品创新背后的设计评价提供了基本框架。为了让评价者（包括用户、设计师、工程师、市场人员、投资人等）突破各自的专业思维局限，更直观、快速地理解评价内容及指标，编者结合 NEE 模型制定了被收录在本书中产品评价表即 NEE 评价表（如表 3–1 所示）。

该评价表的设计采用自上而下的垂直分布，包括自然属性、体验属性和经济属性三大板块，每个板块的构成要素及评价指标逐一列出。表格最右侧空出一栏，由评价者根据自身对产品的认知和体会，在"高、中、低、N/A"四个选项中选取一个填入其中。"高"是指产品在此方面表现突出，用实心圆圈表示；"低"则反之，用空心圆圈表示；"中"介于"高"和"低"之间，用一半实心一半空心的圆圈表示；而"N/A"是 Not Applicable，Not Available 或者 No Answer 的缩写，表示该项不可用、不适用于被评价的产品，或者评价者无法获得产品的该项信息进而没有东西可填写，或者产品不涉及此项内容。

在实施评价的过程中，遵循定性、定量相结合的原则，首先由参评者定性评估，在此基础上，通过定量的统计和数据分析达成相对合理的评审结果。需要强调的是，"定性"和"定量"在评价中是相对的，可针对不同产品类别、不同产业背景合理平衡彼此的权重。

总之，基于自然属性、体验属性和经济属性的好设计产品评价策略，为在广度、深度上更好地认识产品、理解产品、选择产品提供了决策依据，为各类竞赛、展会中产品评价标准的制定提供了参考。不可否认，设计评价是一项复杂的系统工程，基于产品三大属性的评价策略仅仅是面向设计 3.0 时代对"中国好设计"产品的一种探讨，还需要在设计发展中反复验证和完善。

表 3-1　NEE 评价表

| | 产品评价标准 | | 评　估 |
|---|---|---|---|
| 自然属性 | 造型 | 整体协调性 | |
| | | 流行趋势 | |
| | | 情景针对性 | |
| | | 品牌特征 | |
| | 功能 | 合理 | |
| | | 完整 | |
| | | 强大 | |
| | | 拓展 | |
| | 质量 | 可靠性 | |
| | | 加工工艺 | |
| | 技术 | 先进性 | |
| | | 稳定性 | |
| | | 兼容性 | |
| | 内容 | 合理 | |
| | | 健康 | |
| | | 更新 | |
| | 生态效率 | 生态足迹 | |
| | | 节能 | |
| 体验属性 | 使用体验 | 人机交互 | |
| | | 情感 | |
| | 生活方式形成 | 生活环境 | |
| | | 生活习惯 | |
| | | 生活态度 | |
| | | 生活质量 | |
| | 广泛利益 | 间接用户 | |
| | | 影响范围 | |
| | | 社会责任 | |
| | 文化构建 | 审美趋势 | |
| | | 行为模式 | |
| | | 符号与内容 | |
| | | 价值观 | |
| 经济属性 | 企业内部 | 盈利 | |
| | | 市场占有率 | |
| | | 对品牌的贡献 | |
| | 产业影响 | 商业模式的改变 | |
| | | 周边产品种类及规模 | |
| | | 带动或创造全新产业链 | |

# 参考文献

［1］辛向阳，曹建中. 设计3.0语境下产品的属性研究. 机械设计 [J]，2015，32（6）：105–108.

［2］B. Joseph Pine II，James H. Gilmore. The Experience Economy：Work Is Theater & Every Business a Stage ［M］. Boston：Harvard Business School Press，1999.

［3］Jonathan Cagan,Craig M.Vogel.Creating breakthrough products:innovation from product planning to program approval[M]. 北京：机械工业出版社，2006.

CHAPTER FOUR ｜ 第四章
# 典型案例介绍

4.1　小米 M4　智能手机　小米科技有限责任公司

4.2　YOGA3 PRO　笔记本电脑　联想集团

4.3　HORIZON Ⅱ 27　智能桌面　联想集团

4.4　小米盒子　高清网络机顶盒　小米科技有限责任公司

4.5　KZW-A01U1　空气盒子　海尔集团

4.6　Smart Center HW-U1　海尔智慧管家　海尔集团

4.7　亲宝 3 系　家庭智能机器人　科沃斯机器人科技（苏州）有限公司

4.8　路宝　智能盒子　深圳市腾讯计算机系统有限公司

4.9　LATIN　智能健康秤　缤客普锐科技有限责任公司

4.10　MUMU-BP2　MUMU 血压计　广州九木数码科技有限公司

4.11　宝儿 Shield　智能体温计　深圳市海博思科技有限公司

4.12　BonBon　乐心微信智能手环　广东乐心医疗电子股份有限公司

4.13　Cuptime　智能水杯　深圳麦开网络技术有限公司

4.14　顽石 2 代　户外防水蓝牙音箱　厦门市拙雅科技有限公司

4.15　窗宝 W730-WI　智能擦窗机器人　科沃斯机器人科技（苏州）有限公司

4.16　Q1R　CHiQ 电视　长虹集团

4.17　天赐 E900U　电视机　创维集团

4.18　BCD-580WBCRH　卡萨帝对开门冰箱　海尔集团

4.19　CHiQ 537Q1B　美菱冰箱　长虹集团

4.20　KFR-50LW/(50586)FNAa-A1　全能王 -i 尊 Ⅱ　格力电器股份有限公司

4.21　QA100 誉驰　空调　美的集团

4.22　TG80-1408LPIDG　比弗利滚筒洗衣机　无锡小天鹅股份有限公司

4.23　睿泉 Ⅱ 代 RSJ-15/190RDN3-C　空气能热水机　美的集团

4.24　云魔方 CXW-200-EMO1T　吸油烟机　方太集团

# 4.1 小米 M4 智能手机 小米科技有限责任公司

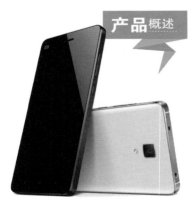

**产品**概述

图 4-1 小米 M4 智能手机

小米 M4 智能手机（以下简称"小米 M4"）是一款高性能发烧级智能手机，于 2014 年在北京国家会议中心发布。这款第四代小米手机搭载了高通骁龙 801（V3）2.5GHz 处理器，3GB RAM 及 16/64GB ROM，后置摄像头为 1300 万的 Sony IMX214，800 万前置摄像头，由夏普和 JDI 提供的 5 英寸 1080p 屏幕。MIUI 是基于安卓（Android）的深度定制系统，兼容原生安卓应用和游戏。有数百万发烧友共同参与改进 MIUI，促使其高频率地迭代升级。

**特点**描述

高性能

小米 M4 搭载高通骁龙 801MSM8X74AC 四核 2.5GHz 处理器；配备 3GB LP-DDR3 机身内存,16G/64G（eMMC5.0）机身储存。

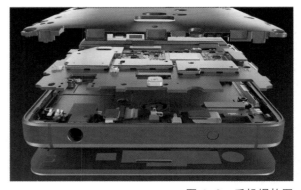

图 4-2 手机爆炸图

图 4-3 手机摄像头

拍摄强大功能

小米 M4 主摄像头采用了 1300 万像素 Sony IMX214，拥有 F1.8 的大光圈，支持实时 HDR，支持 4K 视频录制。支持每秒 10 张连拍，无延时拍照，支持快速调整曝光度，先拍照后对焦（自动拍摄 5 张焦点不同的照片合成），支持动态追焦功能。800 万像素的前置相机，拥有 F1.8 大光圈，80° 超广角，支持智能美颜。

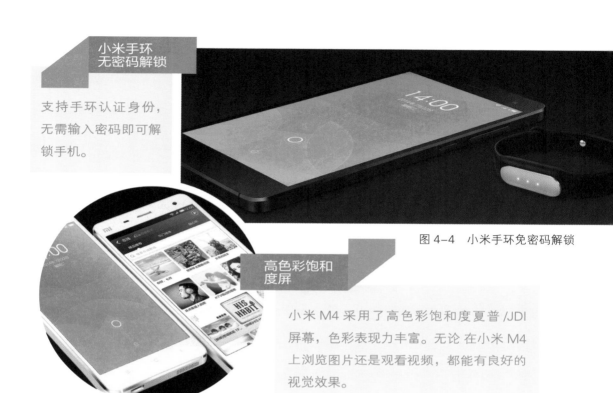

小米手环
无密码解锁

支持手环认证身份，
无需输入密码即可解
锁手机。

图 4-4　小米手环免密码解锁

高色彩饱和
度屏

小米 M4 采用了高色彩饱和度夏普 /JDI
屏幕，色彩表现力丰富。无论 在小米 M4
上浏览图片还是观看视频，都能有良好的
视觉效果。

图 4-5　高色彩饱和度屏

**功能**　用户可以用小米 M4 完成智阅读、拍照、游戏甚至其他复杂艰巨的任务。小米 M4 尽力将这些功能做到了极致，以拍照功能为例，小米 M4 拥有 F1.8 的大光圈，支持实时 HDR，支持 4K 视频录制，支持每秒 10 张连拍，无延时拍照，支持快速调整曝光度，先拍照后对焦，支持动态追焦功能，80° 超广角，支持智能美颜等。

**质量**　小米 M4 精心打磨的不锈钢金属边框、镁合金极轻构架成就了坚固的机身，超窄边屏幕的精妙设计，宛如艺术品般的后盖赋予了小米手机绝佳的手感。

**使用体验**　小米 M4 采用了特别定制的 MIUI，相对其他 Android 操作系统更加易用，界面交互更出色。配合极致的性能，其流畅的操作性使小米 M4 成为用户爱用的产品。

表 4–1　小米 M4 NEE 评价表

| 产品评价标准 | | | 评估 |
|---|---|---|---|
| 自然属性 | 造型 | 整体协调性 | ● |
| | | 流行趋势 | ◐ |
| | | 情景针对性 | ◐ |
| | | 品牌特征 | ● |
| | 功能 | 合理 | ● |
| | | 完整 | ● |
| | | 强大 | ● |
| | | 拓展 | ● |
| | 质量 | 可靠性 | ◐ |
| | | 加工工艺 | ● |
| | 技术 | 先进性 | ● |
| | | 稳定性 | ● |
| | | 兼容性 | ● |
| | 内容 | 合理 | ● |
| | | 健康 | ● |
| | | 更新 | ● |
| | 生态效率 | 生态足迹 | ◐ |
| | | 节能 | ◐ |
| 体验属性 | 使用体验 | 人机交互 | ● |
| | | 情感 | ● |
| | 生活方式形成 | 生活环境 | ○ |
| | | 生活习惯 | ◐ |
| | | 生活态度 | ◐ |
| | | 生活质量 | ◐ |
| | 广泛利益 | 间接用户 | ◐ |
| | | 影响范围 | ● |
| | | 社会责任 | ◐ |
| | 文化构建 | 审美趋势 | ◐ |
| | | 行为模式 | ◐ |
| | | 符号与内容 | ● |
| | | 价值观 | ◐ |
| 经济属性 | 企业内部 | 盈利 | ● |
| | | 市场占有率 | ● |
| | | 对品牌的贡献 | ● |
| | 产业影响 | 商业模式的改变 | ● |
| | | 周边产品种类及规模 | ● |
| | | 带动或创造全新产业链 | ● |

注：●高　◐中　○低　N/A 不可用 / 不适用 / 无法获得 / 无

**产业影响**

基于软件扩展思维和米粉社群，小米手机在产业外围同样进行扩展，扩展性表现为小米软件商店、小米支付、小米路由器等整个基础设施的日益完善。小米除了做手机以外，还拥有小米电视、小米路由器、小米盒子等产品，并已扩展到游戏和娱乐业。

**设计3.0趋势体现评估**

小米 M4 在开发过程中邀请"米粉"参与，进行批量定制，运用了以用户为中心的迭代设计方法，更加注重用户体验，同时采用了网络营销服务设计。符合设计 3.0 发展趋势。

小米手机在开发过程中首创了互联网模式开发手机硬件及操作系统，通过小米论坛上发烧友的建议反馈不断进行改进。在营销模式上，小米公司采用"饥饿式"营销使其一直处于销路畅通的状态，同时也提升了自身品牌在消费者心中的价值，此外小米手机采用网络直销的方式也大大降低了小米公司的运营成本。小米手机内置了自动识别陌生号码、打车、医院挂号、查快递、充话费等服务功能，使人们的生活更加方便。MIUI 黄页功能让用户更方便地使用快递、餐饮、酒店、车票、机票、医疗等生活服务，在系统中可直接订餐、订房、订火车票或是查快递、叫代驾、挂号、买电影票，不需要安装额外应用，也无需注册账号。使用 MIUI 系统可以识别 50% 以上的骚扰电话，骚扰、诈骗、钓鱼电话在接听之前就被识破。利用目前中国最大的号码库"电话邦"深度开发，不仅标记恶意来电，还能识别服务号码。银行、快递、运营商等服务号码来电，直接显示对方名称及 LOGO，对于一些合作快递公司，还可显示快递师傅的姓名或头像，让用户的每个来电都心中有数。使用小米手机还可以在两万多个公共场所免费使用 WIFI，节约流量，目前每月都有超过一千万用户享受免费 WIFI 带来的便利。

小米 M4 智能手机资料源自小米官网等网站

# 4.2 YOGA3 PRO 笔记本电脑 联想集团

联想 YOGA3 PRO 笔记本电脑（以下简称"联想 YOGA3 PRO"）是一款 2014 年 10 月上市的 13.3 英寸变形笔记本，是结合平板和笔记本为一体的娱乐办公产品。通过翻转可实现笔记本模式、帐篷模式、平板模式、站立模式四种模式。采用 3200×1800 高分辨率屏幕，支持 10 点触控。外观更加纤薄，布局也更加合理。携带方便，响应极速，有多种创新的交互方式。

图 4-6　联想 YOGA3 PRO 笔记本电脑

**特点**描述

360°旋转

联想 YOGA3 PRO 是一款屏幕可 360° 自由翻转的平板笔记本。采用表链式屏轴铰链，每一个金属扣之间紧密相连，并且穿插链状结构，坚固耐用，科技感强，同时，散热孔也被设计在金属铰链中。

图 4-7　360° 旋转

**超高清分辨率**

3200×1800 分辨率已经是目前笔记本上的最高分辨率，屏幕精细度高达 277ppi，动态画面无残影、真实还原色彩本质。屏幕触控灵敏，高亮也更加通透。

图 4-8　超高清分辨率

**语音和手势操控**

语音和手势操控是一个软件方面的突破，这些功能都要通过电脑自带的一些特定的软件才能实现。提供了一种多样的操作选择性，具有创新的交互感受。

图 4-9　语音和手势操控

造型　相比于上一代的做工更加精细，增加更多的细节处理，机身也更加轻薄，轻至 1.19kg，薄至 12.8mm。

技术　联想 YOGA3 PRO 机身选用优质的镁铝合金材料，金属色泽漆面喷涂，外壳整体触感更加细滑。高分辨率屏幕显示效果细腻，色域空间达到 72%。采用了英特尔最新发布的酷睿 M 移动平台，该平台最大的特性就是低功耗、高性能，并且能够使机身更为纤薄、轻巧。在图形性能方面，酷睿 M 平台所集成的 HD 5300 核芯显卡可以对 4K 视频进行完美解码。

表 4-2　联想笔记本电脑 NEE 评价表

| 产品评价标准 | | | 评 估 |
|---|---|---|---|
| 自然属性 | 造型 | 整体协调性 | ● |
| | | 流行趋势 | ● |
| | | 情景针对性 | ◐ |
| | | 品牌特征 | ◐ |
| | 功能 | 合理 | ● |
| | | 完整 | ● |
| | | 强大 | ● |
| | | 拓展 | ● |
| | 质量 | 可靠性 | ● |
| | | 加工工艺 | ◐ |
| | 技术 | 先进性 | ● |
| | | 稳定性 | ● |
| | | 兼容性 | ● |
| | 内容 | 合理 | ● |
| | | 健康 | ● |
| | | 更新 | ● |
| 体验属性 | 生态效率 | 生态足迹 | ◐ |
| | | 节能 | ● |
| | 使用体验 | 人机交互 | ● |
| | | 情感 | ● |
| | 生活方式形成 | 生活环境 | ● |
| | | 生活习惯 | ● |
| | | 生活态度 | ◐ |
| | | 生活质量 | ● |
| | 广泛利益 | 间接用户 | ● |
| | | 影响范围 | ● |
| | | 社会责任 | ◐ |
| | 文化构建 | 审美趋势 | ◐ |
| | | 行为模式 | ● |
| | | 符号与内容 | ● |
| | | 价值观 | ◐ |
| 经济属性 | 企业内部 | 盈利 | ● |
| | | 市场占有率 | ● |
| | | 对品牌的贡献 | ● |
| | 产业影响 | 商业模式的改变 | ◐ |
| | | 周边产品种类及规模 | ◐ |
| | | 带动或创造全新产业链 | ● |

注：●高　◐中　○低　N/A 不可用 / 不适用 / 无法获得 / 无

**使用体验**
屏幕的 360° 旋转满足了不同工作和娱乐的需求。采用防刮擦、高耐久性玻璃屏，支持多点触控，使触控更加方便。同时具有语音控制和手势控制，带来了人机交互的更多的可能性。

**设计3.0趋势体现评估**

该产品有很好的交互体验，可以满足各种使用和操作的需求。符合设计 3.0 智能的趋势。体现了普惠的原则。

1984 年，中国科学院计算所投资 20 万元人民币，由 11 名科技人员创办了联想集团，这是一家在信息产业内多元化发展的大型企业集团。新联想由联想集团及原 IBM 个人电脑事业部所组成，是一家极富创新性的国际化的科技公司。从 1996 年开始，联想电脑销量一直位居中国国内市场首位；2013 年，联想电脑销售量升居世界第一，成为全球最大的 PC（personal computer，个人电脑）生产厂商。联想 YOGA3 PRO 于 2014 年 10 月在英国伦敦正式发布，是首款搭载英特尔酷睿 M 平台的超薄型二合一电脑。这是联想在 2014 年末布局的一款重磅产品，身姿却非常轻盈且纤薄。这款产品具有细滑的全金属机身、机械感十足的表链式屏幕铰链、创新的电源 /USB 双用接口。联想 YOGA3 PRO 拥有笔记本模式、帐篷模式、平板模式、站立模式四种模式以及超高清分辨率屏幕，使整体视觉体验、触控体验得到进一步提升。超薄机身配置了一些常用的功能按键，包括电源键、一键恢复键、音量控制键等，还设计有一个 USB 充电接口和耳机麦克风插孔，并为用户提供了 Mini HDMI 接口以及读卡器插槽，可以充分满足用户的使用需求。

联想 YOGA3 PRO 笔记本电脑部分介绍资料源自联想官网等网站

# 4.3 HORIZON II 27
## 智能桌面
## 联想集团

**产品**概述

图 4-10 联想 HORIZON II 27

联想智能桌面 Horizon II 27（以下简称"联想智能桌面"）是联想推出的全新的智能桌面产品。采用极为轻薄机身设计，厚度仅19.5mm，机身支架可将平板站立或平放，极大方便日常使用。它不仅仅是上一代的硬件和外观升级的后续产品，更是颇具划时代意义的新品。联想智能桌面最吸引人的地方不仅是超薄的外观设计，更重要的是"Aura技术"这一重要的技术革新。Horizon 系列是将"多人分享"这四个字在真正意义上付诸实现的一款产品。

**特点**描述

多人互动体验

开创与众不同的多人娱乐场景。十点触控，支持多人互动。有丰富的应用，适合大屏使用。创新的附件，可以带来逼真的体验。并与顶级游戏厂商定制多人交互游戏。大屏桌面，可以真正实现同屏实时亲子互动教育。

图 4-11 多人互动体验

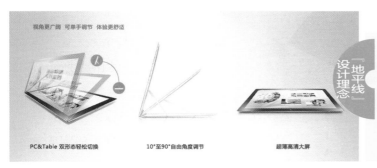

视角更广阔 可单手调节 体验更舒适

PC&Table 双形态轻松切换　　　10°至90°自由角度调节　　　超薄高清大屏

设计理念「地平线」

PC&Table 双形态轻松切换；10°～90°自由角度切换调节；27 英寸超大高清屏幕，机身厚度仅 19.5mm。更好的人机交互和体验。

图 4-12　"地平线"设计理念

充沛动力，极速体验

支持 Intel 第四代酷睿智能处理器，强劲内核，装配 Nvidia 强劲显卡，2GB 显存，标配锂离子电池。

图 4-13　充沛动力，极速体验

　　把手机或者平板电脑等设备放到联想智能桌面之后，就可以直接在 Aura 中读取到手机里的文件，同时在联想智能桌面中与朋友、亲人们分享，最大限度地简化了一个设备到另一个设备文件分享的流程。

造型　造型上更加纤薄，细节也更加简约。具有良好的整体协调性和情景针对性。

内容　桌面的界面简明，有自身独特的转盘菜单，运行快速，又很直观，Aura 已是一款成熟的应用程序。

生活方式形成　传统的电脑更多的是"一个人的工具"，但是人们发现如今的电脑需要从工具向平台转变，同时让更多的人去从中获得信息、分享信息，这并非仅仅通过增加多点触控屏幕、扩大显示器面积就能够实现。"Aura 技术"对"分享"二字的实际使用方式进行针对性优化。

表 4-3　联想智能桌面 NEE 评价表

| 产品评价标准 | | | 评 估 |
|---|---|---|---|
| 自然属性 | 造型 | 整体协调性 | ● |
| | | 流行趋势 | ● |
| | | 情景针对性 | ◐ |
| | | 品牌特征 | ● |
| | 功能 | 合理 | ● |
| | | 完整 | ● |
| | | 强大 | ● |
| | | 拓展 | ● |
| | 质量 | 可靠性 | ● |
| | | 加工工艺 | ◐ |
| | 技术 | 先进性 | ● |
| | | 稳定性 | ● |
| | | 兼容性 | ● |
| | 内容 | 合理 | ● |
| | | 健康 | ● |
| | | 更新 | ● |
| | 生态效率 | 生态足迹 | ◐ |
| | | 节能 | ◐ |
| 体验属性 | 使用体验 | 人机交互 | ● |
| | | 情感 | ● |
| | 生活方式形成 | 生活环境 | ● |
| | | 生活习惯 | ● |
| | | 生活态度 | ◐ |
| | | 生活质量 | ● |
| | 广泛利益 | 间接用户 | ● |
| | | 影响范围 | ● |
| | | 社会责任 | ◐ |
| | 文化构建 | 审美趋势 | ◐ |
| | | 行为模式 | ● |
| | | 符号与内容 | ● |
| | | 价值观 | ◐ |
| 经济属性 | 企业内部 | 盈利 | ● |
| | | 市场占有率 | ◐ |
| | | 对品牌的贡献 | ◐ |
| | 产业影响 | 商业模式的改变 | ● |
| | | 周边产品种类及规模 | ◐ |
| | | 带动或创造全新产业链 | ● |

注：●高　◐中　○低　N/A 不可用 / 不适用 / 无法获得 / 无

**使用体验**

该产品的多点触控与多人互动功能是这款产品的精髓所在，基于"Aura 技术"的应用也更多更广泛。尤其是在分享方面表现得很惊艳，注重游戏娱乐的实际体验，更多地促进了家庭成员之间的互动。

设计3.0趋势体现评估

该产品有很好的用户体验，逐渐成熟的 Aura 系统打造了一个家庭的娱乐生活平台。符合设计 3.0 智能的趋势。

联想 HORIZON II 27，我们习惯性地把它看做是一台一体电脑，但其实它是微软 Surface PC 的传承者，而这一类产品有着自己独特的名字——智能桌面。联想智能桌面是一款颇具划时代意义的新品，除了超薄的外观设计以及设计细节上的一些改变之外，"Aura 技术"是最为重要的革新，并在"多人分享"的理念上相对完善。"手机放上去就能分享手机里的文件"这一画面非常具有吸引力，将便利性发挥到了极致。联想 Horizon II 27 作为一款触控一体电脑，采用 27 英寸全高清十点触摸 LED 显示屏 (16:9)，搭载 Intel 酷睿 i5 4210U 处理器，内置高保真多媒体音箱，带来更好的使用体验，轻松搞定家庭影音娱乐需求。联想智能桌面通过联想服务通 PC Carer 提供服务查询、智能软件、智能驱动、系统工具、信息推送等维护服务。2005 年联想成功并购 IBM PC 业务，之后联想不断加大研发投入，带领 Think 品牌拓展了新的品类，即工作站和服务器，以及新的商用设计和创新产品，其中包括平板电脑和多模电脑等。2015 年联想集团董事长兼 CEO 杨元庆部署的转型战略中提到联想应对互联网＋时代机遇与挑战的根本点，阐明了他的战略，并为联想未来发展理清了航向。第一，从关注硬件到关注硬件＋软件＋服务平台三位一体；第二，从与用户的单点接触转向多点接触，将每一个用户转化为关系型客户；第三、社交媒体成为营销的主战场，也是企业与用户建立多点接触的重要方面；第四、专注用户细分市场，建立起快速反应、快速决策、快速行动的小分队，以便快速响应用户的需求；第五、执行的双拳战略（保卫＋进攻），云服务业务集团将担当起全新的重要使命。从以用户为中心的转变到两大转型，再到为转型保驾护航的各项变革，联想将以新创业精神迎战未来。

**4.4** 小米盒子
高清网络机顶盒
小米科技有限责任公司

**产品**概述

图 4-14　小米盒子高清网络机顶盒

小米盒子高清网络机顶盒（以下简称"小米盒子"）是一款高清互联网电视盒，用户可以通过它在电视上免费观看网络电影、电视剧。小米盒子拥有丰富的内容资源及应用，系统会对其内容持续更新。它可以将小米手机、iPhone、iPad 和电脑上的图片、视频应用等精彩内容无线投射到电视上，还可以通过小米手机直接遥控小米盒子，便捷地实现电视与手机、平板、电脑之间无线数据传输，省去连接数据线的烦恼，带来全新操作体验。其简约小巧的外观设计，配合细腻的材质感，更能融入现代家居生活与环境之中。

**特点**描述

海量内容

丰富的内容与应用提供，并且能进行持续更新。

图 4-15　海量内容

**多屏投射内容**

将小米手机、iPhone、iPad 和电脑上的图片视频无线投射到电视上。

图 4-16　多屏内容投射

**蓝牙音箱外设**

配合蓝牙音箱外设以及小米内置的豆瓣、虾米电台，享受影音盛宴。

图 4-17　蓝牙音箱外设

**连接 U 盘，播放本地视频**

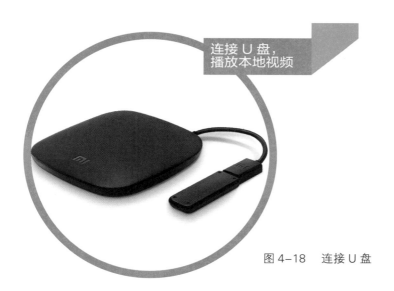

图 4-18　连接 U 盘

极简遥控 设计

操作简单，手感舒适。

图 4-19　遥控器

**功能**　拥有丰富的内容资源及应用，能够实现图片视频无线投射，功能强大，内容齐全。

**内容**　功能产品提供丰富的内容及应用资源，并能够实现每周更新，及时满足用户需求。

**产业影响**　小米盒子采用互联网营销模式，摆脱传统销售各个复杂环节约束，节约大量运营成本，品牌特征突出，深入人心。

**使用体验**　用户可以通过小米手机直接遥控小米盒子，便捷地实现电视与手机、平板、电脑之间无线数据传输，为用户创造便捷的操作体验，省去连接数据线的烦恼。

**生活方式形成**　小米盒子为家居生活提供丰富的多媒体资源，提高用户选择性，促进了围绕电视展开的新生活习惯形成。

设计 3.0 趋势体现评估

在智能电视漫长的更替换代发展进程中，小米盒子尝试构建智能电视系统平台，整合互联网资源内容，为用户提供了个性化的电视内容定制，符合设计 3.0 的智能趋势。

表 4-4　小米盒子 NEE 评价表

| | | 产品评价标准 | 评估 |
|---|---|---|---|
| 自然属性 | 造型 | 整体协调性 | ● |
| | | 流行趋势 | ● |
| | | 情景针对性 | ● |
| | | 品牌特征 | ● |
| | 功能 | 合理 | ● |
| | | 完整 | ● |
| | | 强大 | ● |
| | | 拓展 | ● |
| | 质量 | 可靠性 | ● |
| | | 加工工艺 | ◑ |
| | 技术 | 先进性 | ● |
| | | 稳定性 | ● |
| | | 兼容性 | ● |
| | 内容 | 合理 | ● |
| | | 健康 | ● |
| | | 更新 | ● |
| | 生态效率 | 生态足迹 | ◑ |
| | | 节能 | ● |
| 体验属性 | 使用体验 | 人机交互 | ● |
| | | 情感 | ◑ |
| | 生活方式形成 | 生活环境 | ● |
| | | 生活习惯 | ● |
| | | 生活态度 | ◑ |
| | | 生活质量 | ● |
| | 广泛利益 | 间接用户 | ● |
| | | 影响范围 | ● |
| | | 社会责任 | ◑ |
| | 文化构建 | 审美趋势 | ● |
| | | 行为模式 | ● |
| | | 符号与内容 | ● |
| | | 价值观 | ◑ |
| 经济属性 | 企业内部 | 盈利 | ● |
| | | 市场占有率 | ● |
| | | 对品牌的贡献 | ● |
| | 产业影响 | 商业模式的改变 | ● |
| | | 周边产品种类及规模 | ◑ |
| | | 带动或创造全新产业链 | ● |

注：●高　◑中　○低　N/A不可用/不适用/无法获得/无

**产品背后的故事**

国家广电总局规定（181号文件）所有互联网电视及终端设备只能选择接入国家广电总局批准的合法内容服务平台。互联网电视集成平台不能与设立在公共互联网上的网站相互链接，不能将公共互联网上的内容直接提供给用户。2013年1月28日，小米科技与中国网络电视台（CNTV）旗下未来电视有限公司（ICNTV）正式签署战略合作协议，双方在互联网电视领域展开全面战略合作，推出的小米盒子接入未来电视有限公司(ICNTV)运营的中国互联网电视集成播控平台，包括节目集成与播控、EPG管理系统、客户端管理系统、用户管理系统、计费认证系统和版权管理系统等全部由未来电视(ICNTV)进行管理，小米盒子通过中国互联网电视集成播控平台向用户提供服务。这是小米首次与互联网电视集成播控平台方正式合作。小米盒子的操作界面经过多次升级更新，添加了 ICNTV 集成播控平台标识。小米盒子增强版支持 4K 超高清，分辨率为 3840 x 2160 像素，清晰度是 1080p 的 4 倍。通过 HDMI 线将 4K 电视与小米盒子增强版连接，即可播放本地或网络的 4K 超高清电影，感受非凡的视觉体验。小米盒子全新升级了 CPU 与图形处理器性能，带来更加流畅的游戏效果，还增加了几十部完美适配电视屏幕的游戏，只需将盒子连接电视和蓝牙手柄，即可与家人享受游戏所带来的乐趣。小米盒子增强版原生支持杜比数字 + 及 DTS 多声道高音质音频编码格式，在播放蓝光等高清视频时，使得声音更加平滑、更具动态效果，带来身临其境的逼真立体环绕声音效。小米盒子 1G 增强版使用了优化后的 CMA 智能连续内存分配技术，智能的将预留的大块连续内存分配给其他程序使用，让小米盒子的内存使用更加有效率，充分保证系统的流畅。小米盒子通过未来电视运营的"中国互联网电视"集成播控平台，不论是高清热门电影，还是美剧、韩剧、央视电视剧或精彩赛事、综艺节目，都在无广告的小米新盒子里，可以随时观看。使用小米盒子专属的米联功能，可将小米手机、iPhone、iPad 和电脑上的图片、视频以及搜狐视频、腾讯视频、PPTV 等应用的精彩内容无线投射到电视上。而这一切只需简单操作，全家都可轻松掌握。小米盒子具有强悍的本地视频播放功能，通过连接移动硬盘或 Micro-SD 卡即可播放本地电影，支持市面上几乎所有的视频格式，如 4K 分辨率片源、MKV、AVI、MP4、MOV、蓝光高清和 3D 视频。将小米盒子增强版插上 Micro-SD 卡或移动硬盘，即可将迅雷海量的在线资源通过离线下载功能储存到已连接的存储设备中，任何时间都可以观看。小米盒子支持 2.4GHz/5GHz 双频 WiFi，可更快传输大流量网络视频、更高质量的在线高清影片，观看网络视频像看有线电视一样流畅。

小米盒子资料源自小米官网等网站

# 4.5 KZW-A01U1 空气盒子 海尔集团

图4-20 海尔空气盒子 KZW-A01U1

海尔空气盒子 KZW-A01U1（以下简称"空气盒子"）是国内首款个人健康空气管理智能硬件，其外观时尚、炫酷动人，充满科技感。空气盒子能够检测室内空气质量。空气盒子可监测环境中的温度、湿度、家装污染、PM2.5，通过健康空气指数直观地展现给用户。时刻感知并记录室内空气质量，提供室内空气质量的实时与历史数据。更是智能地将家中的空调、空气净化器等多款家电进行无线互联。空气盒子可以在用户不更换空调的情况下，使空调具备远程开关、自动控制等人性化智能功能。用户无需升级为智能空调，即可随时随地控制家里的空调。它将智能家居与健康的生活理念集合在一起，是集中了智能操控、空气检测等多项功能的智能控制终端。

**特点**描述

**智能化**

自动发现空气问题，并通知用户；自助调控，智能节能：实时了解室内外空气温度湿度，通过云平台自动分析，一键实现最佳舒适温度。

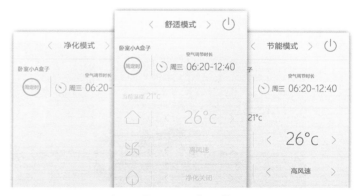

图4-21 智能化

空气盒子与普通空调、空气净化器组合，即可变成智能家电，用户可通过App对空调或空气净化器进行远程控制。

图 4-22　远程遥控

图 4-23　自动监测

自动监测

能自动监测空气质量（PM2.5、VOC气体）；检测环境温度；空气湿度。

随时随地了解天气状况

图 4-24　随时随地了解天气状况

定位所在城市，提供专业城市气象服务，一个App，显示室内室外空气质量。

不仅可以检测家庭室内的空气质量，还能实时同步所在城市的天气情况和空气污染状况，功能上强大并且具有拓展性。

**功能**

空气盒子不仅支持海尔品牌空调，还兼容市场上 98% 品牌的空调，技术上不仅先进而且具有很强的兼容性。

**技术**

通过专业 App 控制，界面简洁合理，操控方便，在人机方面做到了简单易用，盒子外观圆润，情感上给人家庭的温馨和舒适感，色彩上又不失科技感，整体上用户体验良好。

**使用体验**

通过物联的方式高效地控制家庭的空调、空气净化器等设备，并且通过检测空气质量倡导健康的生活方式，对未来智能化的、健康的家庭生活起到了良好的引导作用。

**生活方式形成**

空气盒子是海尔集团最新战略创新产品，代表着海尔集团未来对智能家居方向的发展。

**企业内部**

空气盒子作为国内首款个人健康空气管理智能硬件，引领了国内智能家居行业的发展，带动了全新的产业链发展，带动了传统家电行业向智能化的转型。

**产业影响**

表 4-5　空气盒子 NEE 评价表

| 产品评价标准 | | | 评 估 |
|---|---|---|---|
| 自然属性 | 造型 | 整体协调性 | ● |
| | | 流行趋势 | ● |
| | | 情景针对性 | ◐ |
| | | 品牌特征 | ◐ |
| | 功能 | 合理 | ● |
| | | 完整 | ● |
| | | 强大 | ● |
| | | 拓展 | ● |
| | 质量 | 可靠性 | ● |
| | | 加工工艺 | ◐ |
| | 技术 | 先进性 | ● |
| | | 稳定性 | ● |
| | | 兼容性 | ● |
| | 内容 | 合理 | N/A |
| | | 健康 | N/A |
| | | 更新 | N/A |
| 体验属性 | 生态效率 | 生态足迹 | ◐ |
| | | 节能 | ◐ |
| | 使用体验 | 人机交互 | ● |
| | | 情感 | ◐ |
| | 生活方式形成 | 生活环境 | ● |
| | | 生活习惯 | ● |
| | | 生活态度 | ◐ |
| | | 生活质量 | ● |
| | 广泛利益 | 间接用户 | N/A |
| | | 影响范围 | ○ |
| | | 社会责任 | ◐ |
| | 文化构建 | 审美趋势 | ◐ |
| | | 行为模式 | ● |
| | | 符号与内容 | N/A |
| | | 价值观 | ◐ |
| 经济属性 | 企业内部 | 盈利 | ◐ |
| | | 市场占有率 | ● |
| | | 对品牌的贡献 | ● |
| | 产业影响 | 商业模式的改变 | ● |
| | | 周边产品种类及规模 | N/A |
| | | 带动或创造全新产业链 | ● |

注：●高　◐中　○低　N/A不可用/不适用/无法获得/无

该产品体现了家居产品智能化的发展趋势，通过物联的方式，整体地控制家庭中其他家电的运行，实现生态绿色的生活方式。符合设计 3.0 发展趋势。

设计3.0趋势
体现评估

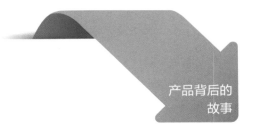

产品背后的
故事

# Haier

　　海尔集团创立于 1984 年，从单一生产冰箱开始起步，拓展到家电、通讯、IT 数码产品、家居、物流、金融、房地产、生物制药等多个领域，成为全球领先的美好生活解决方案提供商、全流程用户体验驱动的虚实网融合领先者。2014 年 1 月美国 CES 展上，海尔空气盒子首次亮相，并在当年海尔智慧生活分享体验会上，正式推出这款海尔空气盒子。海尔空气盒子可以检测家庭空气中的 PM2.5 情况、VOC 有害气体情况以及温度和湿度。通过手机 APP 可以随时随地了解家里的空气质量，并且通过 APP 的控制界面，远程控制家庭中的空调和空气净化器启动工作。海尔空气盒子直径为 9cm，不仅小巧可爱，而且方便收纳。产品中间设有一个前后通透的口，该空气通道为传感器窗口，可灵敏检测有害气体甲醛和 PM2.5。在其上方设有两个指示灯，分别标示为 VOC 和 PM2.5，其中 VOC 指即挥发性有机化合物，对人体健康有巨大影响。室内主要来自燃煤和天然气等燃烧产物、吸烟、采暖和烹调等烟雾，建筑和装饰材料、家具、家用电器、清洁剂和人体本身的排放等。用户可以在下班到家前让家里空调提前调整到最佳状态，也可以通过远程监测和控制，让远在外地的老人和小孩不知不觉中远离空气污染。目前，海尔空气盒子可以匹配超过 98% 的各品牌空调，瞬间让普通空调变智能空调。海尔空气盒子将空气质量检测仪和智能家居操控器合二为一，不仅可以清楚地看到家中空气质量情况，还可以通过其对空调和空气净化器等家电进行操控。产品所需环境和安装过程都非常轻松，是个智能家居好帮手。

海尔智慧管家部分介绍资料由青岛海尔集团提供，部分源自官网

# 4.6 Smart Center HW-U1
## 海尔智慧管家
## 海尔集团

**产品**概述

图 4-25　海尔 Smart Center HW-U1 智慧管家

作为全球首台"智慧管家"，海尔 Smart Center HW-U1 智慧管家（以下简称"海尔智慧管家"）（图 4-28）将整个家连接在一起，通过它能有效控制和轻松管理家电家居。它不仅能控制传统的电视、空调，还能控制智能电视、自动窗帘、台灯等智能家居、家电产品。能让每一位家庭成员享受到它带来的影音娱乐、视频通话、运动健身、家庭理财、家政服务等一系列的贴心服务。

同时，海尔智慧管家兼具的智能手机和 pad 功能，可以同时满足家庭生活娱乐全方位的需求。更加优化的用户体验，能照顾到每一位家庭成员，带用户进入真正的智慧生活。

**特点**描述

一键传屏，智能选台

海尔智慧管家支持一键传屏，可实现图片、视频、游戏的传屏，将普通大屏电视变成互联网电视。

图 4-26　一键传屏

**两屏互动**

观看电视节目的同时，可以调出节目相关的信息（如演员介绍、内容简介等），丰富资讯一目了然。看电视的同时还可以通过微信、微博等平台与朋友互动分享，电视生活更加丰富多彩。

图 4-27　两屏互动

**家电控制**

海尔智慧管家统一家中所有家电的遥控器，界面简洁大方，方便家中老人与小孩操作。

图 4-28　家电控制

**智能家居**

海尔智慧管家具备高度兼容性，不局限家电品牌，完全不用担心管理问题。通过海尔智慧管家可以简单有效地控制家中所有的智能家居产品，可以逐步构建自己的智能家居，充分实现 DIY。海尔智慧管家将随着用户家庭生活的不断进步，不断扩展渗透到家庭生活的方方面面，帮助用户逐步改善生活品质，对家庭以及家人实现全面的管理及照顾。

图 4-29　智能家居

**功能** 功能合理完整强大，拓展性极强，既可连接家中血压血糖设备，进行健康管理；也可以连接手环、运动计数器等设备，为休闲健身提供意见。

**使用体验** 简单易用的 UI，不同于传统智能设备复杂的操作界面，将家居家电智能分类。设计美观，操作简单，老少咸宜。

**生活方式形成** 海尔智慧管家改变了用户的家居环境，使之智能化并形成一个整体，改变了用户的生活习惯，让用户更加适应智能化的家居生活空间，让未来智能化、物联化的观念深入用户的心中，改变用户的态度，并通过整体协调家庭中的家电协同工作，提升用户的生活品质。

**企业内部** 海尔智慧管家是海尔集团最新战略创新产品，代表着海尔集团未来对智能家居方向的发展。

**产业影响** 作为首款家庭智慧管家，必将带动整个家居产品智能化的发展。

表 4-6　海尔智慧管家 NEE 评价表

| | 产品评价标准 | | 评 估 |
|---|---|---|---|
| 自然属性 | 造型 | 整体协调性 | ● |
| | | 流行趋势 | ◐ |
| | | 情景针对性 | ◐ |
| | | 品牌特征 | ○ |
| | 功能 | 合理 | ● |
| | | 完整 | ● |
| | | 强大 | ● |
| | | 拓展 | ● |
| | 质量 | 可靠性 | N/A |
| | | 加工工艺 | N/A |
| | 技术 | 先进性 | ● |
| | | 稳定性 | N/A |
| | | 兼容性 | ● |
| | 内容 | 合理 | N/A |
| | | 健康 | N/A |
| | | 更新 | N/A |
| 体验属性 | 生态效率 | 生态足迹 | ◐ |
| | | 节能 | ◐ |
| | 使用体验 | 人机交互 | ● |
| | | 情感 | ◐ |
| | 生活方式形成 | 生活环境 | ● |
| | | 生活习惯 | ● |
| | | 生活态度 | ◐ |
| | | 生活质量 | ◐ |
| | 广泛利益 | 间接用户 | N/A |
| | | 影响范围 | ○ |
| | | 社会责任 | ◐ |
| | 文化构建 | 审美趋势 | N/A |
| | | 行为模式 | ● |
| | | 符号与内容 | N/A |
| | | 价值观 | ◐ |
| 经济属性 | 企业内部 | 盈利 | N/A |
| | | 市场占有率 | ● |
| | | 对品牌的贡献 | ● |
| | 产业影响 | 商业模式的改变 | ● |
| | | 周边产品种类及规模 | ○ |
| | | 带动或创造全新产业链 | N/A |

注：●高　◐中　○低　N/A 不可用 / 不适用 / 无法获得 / 无

**设计 3.0 趋势
体现评估**

该产品符合设计 3.0 发展趋势，通过物联的方式，整体地控制家庭中其他家电的运行，倡导智慧生活方式。

**产品背后的
故事**

海尔集团创新设计中心成立于 1994 年，经过 20 多年的发展，设计中心在不断优化设计流程的同时，对工业设计进行了更加专业化的分工，拓展出 ID、CMF、UI、UX、超前设计等方向，领域涉及白色家电、信息电子、通讯及数码产品、交通工具、建筑及环境、家居集成、展览展示、平面广告等。中心分支机构广泛分布于欧洲、美国、日本、韩国等世界各区域，与全球著名设计机构开展广泛交流与合作，拥有来自不同国家和地区的优秀资深设计团队，建立了覆盖全球的当地化设计网络。创新设计中心十分重视设计流程和设计品质管理，投资建立项目研发投入核算体系，搭建了完善的设计档案和知识库管理系统，保证了开发效率和质量。创新设计中心积极开展产学研合作，与全国多所专业设计院校组建了海尔设计学院，开展培训设计专业学生的工作，将多年积累的设计经验传授给在校学生，帮助各院校弥补实践教学能力的短板。海尔创新设计中心一直把为全球用户提供设计体验与服务，与全球用户共享创造感动的喜悦奉为团队的宗旨。2014 年 4 月 10 日，海尔智慧管家在北京正式发布，它是一款以家为本，为全家人提供智能遥控、影视娱乐、健康管理、投资理财、安全支付等功能和服务的终端产品，此外，作为一个开放式平台，第三方厂商和个人都能在 Smart Center 上开发大量基于家庭的应用。海尔智慧管家是一款智慧家庭的互联网入口产品，其主要作用是解决日常家电操作繁琐、使用不够人性化、产品无法联动等弊端。无论是传统电视、空调、洗衣机，还是智能家电或者血压计、血糖仪、跑步机等生活类电子产品，均能通过它实现统一管控。为全家人提供更专业的服务，帮助人们逐步改善生活品质，对家庭实现越来越全面的管理及照顾。互联网时代最大的特点就是信息共享，智能产品必须兼顾不同品牌、类型家电的互通互融。海尔智慧管家利用最新技术实现了开放式创新，不仅可以兼容所有家电，实现家电的智能化管理，还能为用户提供健康管理、休闲健身等功能和服务。

海尔智慧管家部分介绍资料由青岛海尔集团提供，部分源自官方网站

# 4.7 亲宝3系 家庭智能机器人 科沃斯机器人科技（苏州）有限公司

**产品概述**

科沃斯亲宝3系家庭智能机器人（以下简称"亲宝"）是一款家庭智能远程操控机器人，运用物联网技术以亲宝为管理平台通过智能手机及外设实现智能家居的远程控制及管理，使用户回家就能即刻体验舒适的家居环境，创造了一个全新的智慧生活体验。

造型简洁、智能化，机身小巧可爱，轻巧的外形能使亲宝更加自由快速的在家中行走，拟人化的设计风格更受消费者的青睐，加上灯光的渲染使得产品更科技、更时尚。除了外观，机器更具实用性，实时视频远程互动、智能家居管理以及云端服务等，为消费者提供了新的消费体验。

图 4-30　科沃斯亲宝3系家庭智能机器人

**特点描述**

**远程操控**

亲宝具有远程操控能力，只需将家里的电器与亲宝智能插座相连，就可以通过手机实现家电开关的控制。

图 4-31　远程操控

**贴心陪伴**

亲宝提供音乐、戏曲、笑话等娱乐功能，可以根据家里老人和小孩的作息进行预约定时，不在家的时候，亲宝可以代为替您照顾。

图 4-32 贴心陪伴

**智能家居管理系统**

亲宝有着灵活反应的大脑，加上人体反应器和烟雾反应器的智能外联，灵敏检测烟雾异常及生人来访，及时短信汇报，可以放心地把家交给它。

图 4-33 智能家居管理系统

| 造型 | 亲宝是中国首款家庭服务机器人，确立了中国家庭机器人行业的新标准。提升了公司的品牌价值，也为消费者提供了新的消费体验，奠定了科沃斯作为家庭服务机器人领导品牌的地位。 |
| --- | --- |
| 质量 | 运用模内嵌片工艺和 Lumines 材料，在减少喷涂面积降低污染的同时仍然能达到较好的外观效果。 |
| 功能 | 亲宝强大的功能得到了很多家长和小朋友的喜爱，独特的优势为用户带来的很多便利，也得到了用户的广泛认可。 |
| 产业影响 | 目前机器人管家这个品类在市场中还没有形成广泛认知，亲宝作为这个品类中的开创性产品还没有实际的竞争对手。 |

表 4-7　科沃斯亲宝 NEE 评价表

| 产品评价标准 | | | 评估 |
|---|---|---|---|
| 自然属性 | 造型 | 整体协调性 | ● |
| | | 流行趋势 | ◐ |
| | | 情景针对性 | ● |
| | | 品牌特征 | ◐ |
| | 功能 | 合理 | ● |
| | | 完整 | ● |
| | | 强大 | ◐ |
| | | 拓展 | ◐ |
| | 质量 | 可靠性 | ● |
| | | 加工工艺 | ● |
| | 技术 | 先进性 | ● |
| | | 稳定性 | ● |
| | | 兼容性 | ◐ |
| | 内容 | 合理 | ● |
| | | 健康 | ● |
| | | 更新 | ◐ |
| | 生态效率 | 生态足迹 | ◐ |
| | | 节能 | ○ |
| 体验属性 | 使用体验 | 人机交互 | ● |
| | | 情感 | ◐ |
| | 生活方式形成 | 生活环境 | ◐ |
| | | 生活习惯 | ● |
| | | 生活态度 | ◐ |
| | | 生活质量 | ◐ |
| | 广泛利益 | 间接用户 | N/A |
| | | 影响范围 | ◐ |
| | | 社会责任 | ◐ |
| | 文化构建 | 审美趋势 | N/A |
| | | 行为模式 | ● |
| | | 符号与内容 | N/A |
| | | 价值观 | ◐ |
| 经济属性 | 企业内部 | 盈利 | ◐ |
| | | 市场占有率 | ● |
| | | 对品牌的贡献 | ● |
| | 产业影响 | 商业模式的改变 | ◐ |
| | | 周边产品种类及规模 | N/A |
| | | 带动或创造全新产业链 | ◐ |

注：●高　◐中　○低　N/A 不可用 / 不适用 / 无法获得 / 无

**设计 3.0 趋势体现评估**

该产品体现了智能化的设计趋势，并满足用户对生活质量提升的需求。

**产品背后的故事**

2012 年 8 月，多功能机器人管家——亲宝应运而生。智能手机的普及，使得远程控制家电与智能安全防护（检测烟雾异常及生人到访）成为可能。消费者将手机连接到网络，可以通过亲宝实现视频通话、安全防护、娱乐教育等功能。融合自动化控制、移动互联网、物联网等技术，通过亲宝可以远程操控家用电器和烟尘报警系统。家中有人来访，亲宝的人体感应系统一经探测，可以第一时间短信通知主人。另外，亲宝还可以根据客户要求，从互联网抓取信息，播放新闻、天气、音乐、戏曲等。家电物联网存在一个问题，由于不同家电厂商的通信协议不同，消费者如果要对所有家电实现智能控制，必须购买同一品牌的家电产品，这是不合情理的。如果有这样一个设备，可以打破家电品牌之间的协议壁垒，发挥集成功能，消费者的选择权会大大增加，亲宝做的正是这样一件事情。

目前，亲宝有5系和3系两条产品线，前者配置有空气净化器，实时监测房间的空气质量，主动捕捉空气污染源进行净化，后者属于迷你版，没有空气净化器，价格相应更低一些。10年以前，人们已经在谈论以物联网为基础的智能家居概念。当消费者发现手机变成了一个遥控器，通过一系列"傻瓜式"的操作，就可以控制家中设备，智能家居时代真的就来了。亲宝不只是一个可以移动的设备，某种程度上，它已经是一个概念性的IT产品，想象空间巨大，向集成控制、远程教育、医疗健康等方向发展，也可以和"大数据"和"云"这样的概念联系在一起。这是一个全新的平台，科沃斯独立开发出了全部底层嵌入式系统，以及所有应用软件（适用于苹果、安卓系统）。

科沃斯"亲宝"3系家庭智能机器人部分介绍资料由科沃斯机器人科技（苏州）有限公司提供

# 4.8 路宝 智能盒子 深圳市腾讯计算机系统有限公司

图 4-34　腾讯路宝智能盒子

腾讯路宝智能盒子（以下简称"路宝盒子"）是专为爱车人士推出的一款车载智能产品，由驾驶伴侣 App 应用与硬件产品路宝盒子组成，硬件功能是通过车载统一的 OBD 接口来实现，并通过超低功耗的蓝牙和手机相连接，然后手机将信息反馈给用户，用户可以通过路宝盒子实现便捷智能化的养车护车。该款产品可实现：360°安全扫描汽车状态，并根据评测结果给出合理建议；具备超清语音导航功能，实时检测路况信息并给予车主反馈，辅助安全驾驶；阶段行程数据记录与分析，记录历史行程、油耗精准分析，起到节能减排作用，并开始打通 O2O 的落地汽车服务，为车主出行带来全新体验。

特点描述

产品造型

精致美观，分寸考究

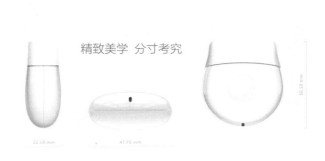

精致美学　分寸考究

图 4-35　产品造型

**超清晰语音导航**

针对使用环境设计，看得清、听得懂，语音提示精确简洁。

**超清语音导航**

专为驾驶环境设计，看得清、听得懂
语音提示精准简洁，不错过任何一个路口

图 4-36　语音导航界面

**安全扫描，全面监测**

全方位检测，安心出发。驾驶评价，优化油耗。

**全车体检 安心出发**

全车无死角检测，安心出发
油耗计算及驾驶评价，油耗将不断被优化

图 4-37　安全扫描界面

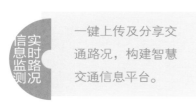

**实时路况信息监测**

一键上传及分享交通路况，构建智慧交通信息平台。

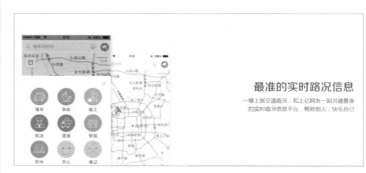

**最准的实时路况信息**

一键上报交通路况，和上亿网友一起共建最准
的实时路况信息平台，帮助他人，快乐自己

图 4-38　实时路况界面

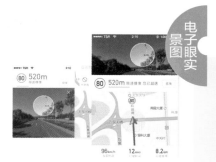

电子眼实景图

独家提供北京、上海、广州、深圳等10大城市
街景电子眼，安全驾驶，和罚单说"拜拜"

目前，提供北京、
上海、广州等10大
城市街景电子地图，
帮助安全驾驶。

图4-39　电子眼实景图

油耗计算，
经济驾驶

阶段记录行程数
据，行程油耗及
行程花费，实现
节能环保出行。

图4-40　油耗计算界面

| 情景针对性 | 通过捕捉精准的汽车使用场景数据、用户使用习惯数据，从而给用户提供更好的应用体验。 |
| --- | --- |
| 功能 | 通过打造 App 行车服务平台，为车主提供全方位的安全信息、绿色行车辅助与信息服务。 |
| 生态效率 | 通过记录与分析行车油耗，为车主提供绿色出行指南，达到节能环保的生态目的。 |
| 使用体验 | 通过车载智能硬件增强汽车与人之间互动关系，实现人、车、路互联互通，丰富用户驾驶体验。 |
| 生活方式形成 | 改变传统驾车出行习惯，实现汽车自我维护，打造智能化的行车生活。 |

表 4-8　腾讯路宝盒子 NEE 评价表

| 产品评价标准 | | | 评 估 |
|---|---|---|---|
| 自然属性 | 造型 | 整体协调性 | ● |
| | | 流行趋势 | ◑ |
| | | 情景针对性 | ● |
| | | 品牌特征 | ◑ |
| | 功能 | 合理 | ● |
| | | 完整 | ● |
| | | 强大 | ● |
| | | 拓展 | ● |
| | 质量 | 可靠性 | ● |
| | | 加工工艺 | ◑ |
| | 技术 | 先进性 | ● |
| | | 稳定性 | ● |
| | | 兼容性 | ● |
| | 内容 | 合理 | ● |
| | | 健康 | ◑ |
| | | 更新 | ● |
| | 生态效率 | 生态足迹 | N/A |
| | | 节能 | ● |
| 体验属性 | 使用体验 | 人机交互 | ● |
| | | 情感 | ● |
| | 生活方式形成 | 生活环境 | ◑ |
| | | 生活习惯 | ● |
| | | 生活态度 | ◑ |
| | | 生活质量 | ● |
| | 广泛利益 | 间接用户 | ◑ |
| | | 影响范围 | ◑ |
| | | 社会责任 | ◑ |
| | 文化构建 | 审美趋势 | ◑ |
| | | 行为模式 | ● |
| | | 符号与内容 | ◑ |
| | | 价值观 | ◑ |
| 经济属性 | 企业内部 | 盈利 | ● |
| | | 市场占有率 | ● |
| | | 对品牌的贡献 | ◑ |
| | 产业影响 | 商业模式的改变 | ● |
| | | 周边产品种类及规模 | ◑ |
| | | 带动或创造全新产业链 | ● |

注：●高　◑中　○低　N/A 不可用 / 不适用 / 无法获得 / 无

**设计 3.0 趋势体现评估**

路宝盒子致力打造智能化行车服务与信息平台构建。产品帮助用户节约行车能耗，有助于绿色生态建设，符合设计 3.0 趋势。

# Tencent 腾讯

　　深圳市腾讯计算机系统有限公司成立于 1998 年 11 月，是中国最大的互联网综合服务提供商之一。腾讯多元化的服务包括：社交和通信服务 QQ 及微信（WeChat）、社交网络平台 QQ 空间、腾讯游戏旗下 QQ 游戏平台、门户网站腾讯网、腾讯新闻客户端和网络视频服务腾讯视频等，满足互联网用户沟通、资讯、娱乐和电子商务等多方面的需求。腾讯在即时通信、电子商务、在线支付、搜索引擎、信息安全以及游戏等方面都拥有了相当数量的专利申请。2007 年，腾讯投资过亿元在北京、上海和深圳三地设立了中国互联网首家研究院——腾讯研究院，进行互联网核心基础技术的自主研发，正逐步走上自主创新的民族产业发展之路。路宝盒子是腾讯公司在 2014 年 5 月推出的车联网硬件，基于车载自动诊断系统来获取汽车行驶数据，通过蓝牙低耗链接。路宝盒子定位于车主驾驶伴侣，在汽车和车主之间起到媒介的作用，通过汽车内部的检测设备，将车辆的相关数据和信息显示到车主的智能手机等移动设备之中。路宝盒子主要能为车主提供智能导航、全车体检、故障解读、油耗提醒四大功能。路宝盒子已经可以适配目前市场上的绝大多数汽车车型，通过路宝盒子可以获得地图导航以及相关安全驾驶、路障信息等服务，另外还将获得免费救援、一键报险以及维修优惠等服务。

路宝盒子资料源自腾讯官网等网站

# 4.9 LATIN
## 智能健康秤
## 缤客普锐科技有限责任公司

图 4-41　Latin 智能健康秤

缤客普锐科技有限责任公司（以下简称"PICOOC"）的 Latin 智能健康秤在外观设计上十分简约时尚，它是当前市面上唯一一款不带显示屏的健康秤。在启动时，白色花瓣形状的 LED 灯自动亮起，显得更加具有科技感。

Latin 智能健康秤可精确测量人体的体重、人体阻抗等体征参数。这款健康秤可以测量包括：体重、蛋白质、体脂率、基础代谢率、肌肉量、骨量、内脏脂肪指数、水分、BMI 在内的 9 项人体数据。同时它还能记录包括：心情、饮酒、生理期、蔬果、睡眠、运动在内的 6 项生活数据。它检测的方法十分简单，只需用户光脚站上去即可进行检测。每次测量完成，健康秤均会把数据通过蓝牙传送到移动终端进行计算。Latin 智能健康称的配套 App 将身体成分测量、趋势呈现、数据深度分析、远程监控、互动分享等功能集于一身，培养用户形成"运动 - 记录 - 测量体重体脂 - 监督使用并反馈运动效果 - 再运动"这样的健康管理闭环循环。

**特点**描述

**使用简便**

用户只要光脚站上去即可开始测量包括：体重、蛋白质、体脂率、基础代谢率、肌肉量、骨量、内脏脂肪指数、水分、BMI 在内的身体各项参数。

图 4-42　使用简便

采用单芯片集成电路设计，保障系统运行的稳定性；并在测脂电路中采用 50Hz 频率震荡电路、高品质 OPA 器件、无损失通道切换器件等元件。同时，还配备四颗超高精度感应器。

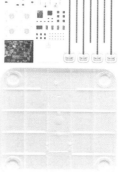

图 4-43　硬件配置

测量数据可视化呈现

用户只要摇一摇智能移动终端，就可以建立智能移动终端与健康秤之间的蓝牙连接。测量得到的数据通过蓝牙 4.0 飞速传输到手机上，并且在 App 上通过可视化图标直观地呈现给用户。

通过 PHMS 挖掘分析针对每个不同用户给予其相应的建议，指导用户达到最佳的身体状态。

图 4-44　手机端可视化测量数据

健康数据分享

Latin 智能健康秤让用户可以同家人朋友分享自己的指数得分，来督促自己维持健康生活。同时 Latin 智能健康秤还提供家庭方案，让用户可以关心家人的健康状况。

图 4-45　手机端界面

表4-9　Latin 智能健康秤 NEE 评价表

| 产品评价标准 | | | 评估 |
|---|---|---|---|
| 自然属性 | 造型 | 整体协调性 | ● |
| | | 流行趋势 | ● |
| | | 情景针对性 | ● |
| | | 品牌特征 | ◐ |
| | 功能 | 合理 | ● |
| | | 完整 | ● |
| | | 强大 | ● |
| | | 拓展 | ● |
| | 质量 | 可靠性 | ● |
| | | 加工工艺 | ◐ |
| | 技术 | 先进性 | ● |
| | | 稳定性 | ● |
| | | 兼容性 | ◐ |
| | 内容 | 合理 | ● |
| | | 健康 | ● |
| | | 更新 | ● |
| | 生态效率 | 生态足迹 | ◐ |
| | | 节能 | ◐ |
| 体验属性 | 使用体验 | 人机交互 | ◐ |
| | | 情感 | ● |
| | 生活方式形成 | 生活环境 | ◐ |
| | | 生活习惯 | ● |
| | | 生活态度 | ◐ |
| | | 生活质量 | ● |
| | 广泛利益 | 间接用户 | ◐ |
| | | 影响范围 | ◐ |
| | | 社会责任 | ◐ |
| | 文化构建 | 审美趋势 | ◐ |
| | | 行为模式 | ● |
| | | 符号与内容 | ◐ |
| | | 价值观 | ◐ |
| 经济属性 | 企业内部 | 盈利 | ◐ |
| | | 市场占有率 | ● |
| | | 对品牌的贡献 | ● |
| | 产业影响 | 商业模式的改变 | ◐ |
| | | 周边产品种类及规模 | N/A |
| | | 带动或创造全新产业链 | ◐ |

注：●高　◐中　○低　N/A 不可用 / 不适用 / 无法获得 / 无

**功能**　用户只需光脚站上 Latin 智能健康秤就能测到：体重、脂肪量等9项人体数据。还能与手机 App 同步，通过 PHMS 分析针对不同用户给出相应的建议来让他们达到最健康的身体状态。此外 Latin 智能健康称还支持家庭模式，社交模式等，促进了家人朋友间的沟通与交流。Latin 智能健康称的功能是相对合理完整的。

**技术**　目前，PICOOC 同芝加哥大学的研究团队研究建立的针对不同人种的分析指标 PHMS 在健康秤领域是处于领先地位的。

**内容**　Latin 智能健康称的内容源自用户测得的数据以及相关分析建议，这些内容有利于用户的健康生活。这些内容又能随着用户的身体数据变化而变化，具有良好的更新性。

**生活方式形成**　该产品通过向用户展现直观的身体健康数值，给予用户相应的建议，从此帮用户树立健康生活的态度。在这个更注重健康品质的时代，Latin 智能健康称无疑可以帮助用户充分了解自身身体状况，并根据相应建议调整自身生活习惯，从而提升健康生活品质。

## 设计3.0趋势体现评估

该产品在开发过程中具有全球协同的特色：Latin 智能健康称分析采用的 PHMS 指标是由芝加哥大学研究团队开发的；PICOOC 这家专注于智能设备的公司同百度云合作联手推出这款产品。体现了设计 3.0 趋势中智能化的发展趋势。

## 产品背后的故事

PICOOC 的设计团队在开发设计过程中十分重视产品的细节品质。Latin 智能健康秤的秤体底壳纹理在第一次处理时比预想的要细很多，在质感的表达上不足，而且也十分容易弄脏。于是开发团队投入更多的开发成本以及时间多次修改模具蚀纹，才得到现在呈现在用户面前的纹理。

看似平常的白色秤体其实光调色也费了很大的功夫。白色分偏红，偏青，偏黄多种。但是 PICOOC 团队想要的是白略偏暖的效果，在无数次调整色粉比例，将配比精确到克，经历无数次打样后终于调出了现在温润典雅的陶瓷质感的色泽。

在团队样机第二次试产阶段，测试团队发现 300 次连续测量后脂肪率的测试结果误差开始增加。团队深知这个误差会给用户的使用体验带来极大的打击。开发团队经过多次排查后发现是结构件问题导致一个模块的电压不稳，团队立刻推翻原来的设计方案进行全新的结构设计。

正是对每个细节的重视，Latin 智能健康秤才能在现在国内的智能健康秤市场上占得较大的市场比重。

Latin 智能健康秤资料由缤客普锐科技有限责任公司提供

# 4.10 MUMU-BP2 MUMU 血压计 广州九木数码科技有限公司

产品概述

图 4-46　MUMU 血压计

MUMU-BP2 血压计（以下简称"MUMU血压计"）是一款支持 iOS 和 Android 双系统的无线电子血压计。通过最新的蓝牙技术，可快速连接用户的智能移动设备。借助 MUMU 血压计客户端，用户可以轻松获取血压、心率等检测结果和健康分析走势图，还可以跟踪和共享家人的健康数据，帮助用户建立专属自己和家人的云端数据健康库。MUMU 血压计帮助用户监控血压趋势，实时了解用户和家人健康变化。它能同时记录用户及其家人朋友等多位用户的血压数据，形成简单明了的趋势示意图，亲友测量数据多台手机同步显示，并伴随温馨的消息提醒，身边人的健康变化一触即知，测量结果可实时发送到指定手机，让关爱更加到位。

**特点**描述

测量精准度
行业领先

采用国际最先进医用监护仪方案测量技术——全新示波测定法，智能自动加压，核心生物传感技术，配合阶梯式放气法，达到市场精准度最佳。

**测量范围**

压力 0～299mmHg
脉搏数 40～200 次 / 分

**测量范围**

压力 ±3mmHg
脉搏 ±5 以内

图 4-47　测量范围

**支持 iOS/ Android 双系统**

兼容双系统，可以在任何一台搭载 iOS 或 Android 系统的智能手机上使用，覆盖所有智能移动设备。

图 4-48  大量的支持设备

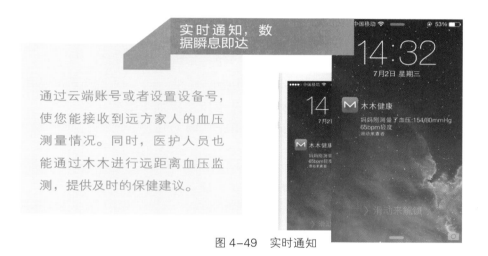

**实时通知，数据瞬息即达**

通过云端账号或者设置设备号，使您能接收到远方家人的血压测量情况。同时，医护人员也能通过木木进行远距离血压监测，提供及时的保健建议。

图 4-49  实时通知

**支持多用户测量**

一台机器可测量多人血压，分别保存。轻松建立家庭式的健康数据库，实现家庭内部数据相互共享。

图 4-50  多用户测量

**健康服务** 根据测量结果，为您提供饮食、保健建议。推广绿色生活概念，改善亚健康习惯。

图 4-51　健康服务

**功能**
除了提供血压测量的功能外，产品应用还提供丰富的内容与功能拓展，包括数据趋势分析、健康建议提供等服务。

**内容**
打造健康信息共享平台，持续更新，提供给用户优质健康内容及管理服务。

**使用体验**
产品采用一键测量，简化了传统血压计的专业复杂操作，简单易用。界面设计清新简洁，满足人机交互需求。

**生活方式形成**
为用户营造智能化的家庭医疗保健环境，防治高血压，带给用户绿色健康的生活方式。培养了健康意识，从而提高人们生活质量。

**文化构建**
产品打破了医疗器械给人的严肃感，操作简便，节约了用户保健成本，降低医疗健康诊断门槛，创造了用户自我诊断的行为模式。

**产业影响**
突破了传统医疗器械产品局限，开辟全新移动健康服务市场，有利于带动新的产业链形成。

表 4–10　MUMU 血压计 NEE 评价表

| 产品评价标准 | | | 评 估 |
|---|---|---|---|
| 自然属性 | 造型 | 整体协调性 | ● |
| | | 流行趋势 | ◐ |
| | | 情景针对性 | ● |
| | | 品牌特征 | ◐ |
| | 功能 | 合理 | ● |
| | | 完整 | ● |
| | | 强大 | ● |
| | | 拓展 | ● |
| | 质量 | 可靠性 | N/A |
| | | 加工工艺 | ◐ |
| | 技术 | 先进性 | ◐ |
| | | 稳定性 | ● |
| | | 兼容性 | ◐ |
| | 内容 | 合理 | ● |
| | | 健康 | ● |
| | | 更新 | ● |
| | 生态效率 | 生态足迹 | ◐ |
| | | 节能 | ◐ |
| 体验属性 | 使用体验 | 人机交互 | ● |
| | | 情感 | ● |
| | 生活方式形成 | 生活环境 | N/A |
| | | 生活习惯 | ● |
| | | 生活态度 | ● |
| | | 生活质量 | ● |
| | 广泛利益 | 间接用户 | ◐ |
| | | 影响范围 | ◐ |
| | | 社会责任 | ◐ |
| | 文化构建 | 审美趋势 | ◐ |
| | | 行为模式 | ● |
| | | 符号与内容 | N/A |
| | | 价值观 | ◐ |
| 经济属性 | 企业内部 | 盈利 | ● |
| | | 市场占有率 | ● |
| | | 对品牌的贡献 | ● |
| | 产业影响 | 商业模式的改变 | ● |
| | | 周边产品种类及规模 | ◐ |
| | | 带动或创造全新产业链 | ◐ |

注：●高　◐中　○低　N/A 不可用 / 不适用 / 无法获得 / 无

**设计3.0趋势体现评估**

　　产品充分利用移动互联网技术与优势，尝试构建以提供保健信息服务为核心的移动健康平台，智能化优势明显，符合设计3.0趋势。

　　积极推广绿色健康生活概念，基于个人健康数据，提供个性化的健康管理及服务，定制化优势明显，符合设计3.0趋势。

木木健康是 2012 年底萌生的想法，初衷是想打造一个健康服务平台，发挥公司在移动互联网开发和运营的优势，提供个人健康数据采集、分析、健康资讯、个性化建议等服务。希望通过这个平台在未来能为个人和医护人员之间打通沟通渠道。

最初，木木健康没有自己的硬件采集设备，第一步就需要与用户建立连接的关系。考虑到高血压、高血脂等人群有扩大化和年轻化的趋势，于是从慢性病防治入手，开始考察市场，发现传统血压计的不足，并积极寻找血压计生产商并建立合作，打造一款软硬件结合的产品。木木健康是一家互联网出身的创业公司，进入到硬件领域困难重重。与传统厂商建立合作，首先理念上就要建立开放、信任关系，这在实际中会存在许多意想不到的阻力。后来，团队不断扩大，成员分工渐渐清晰，团队成员每天在一起沟通探讨产品研发解决方案。在团队的共同努力下，最终诞生了木木血压计，一款非常轻便小巧并适合国人使用习惯的智能血压计。

**产品事记：**

2013 年 11 月 20 日，木木健康与百度云达成战略合作，联合推出百度云 MUMU 血压计，MUMU-BP2 上臂式无线电子血压计正式发售。

2014 年 5 月，入选 2014 十大移动医疗健康案例优秀移动诊疗健康应用案例家庭健康监测设备。

2014 年 7 月，获得第三届中国国际消费电子 Leader 创新奖"可穿戴产品创新"。

作为一个全新团队，整个项目硬件研发、软件技术、设计和市场营销总共不到 30 人。团队中有来自蓝牙、芯片领域的专家，有曾在富士康工作多年的生产管理人员，还有高级软件开发人员，产品初创期间每天都要更新进度内容，产品功能也不断在修改创新，目前成型的产品硬件和软件就是经过 4 次改版而来。

木木健康血压计资料由广州九木数码科技有限公司木木健康团队提供

# 4.11 宝儿 Shield 智能体温计
## 深圳市海博思科技有限公司

产品概述

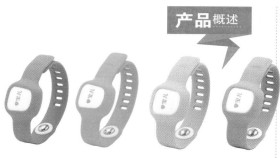

图 4-52　宝儿 Shield 智能体温计

宝儿 Shield 智能体温计（以下简称"宝儿智能体温计"）是由深圳市海博思科技有限公司出品的一款可持续监测体温的智能体温计。它由戴在胳膊上的可穿戴硬件、安装在智能设备端的应用程序以及健康社区三部分组成，能够持续地监测体温，并帮助护理者记录病情（文字、拍照），并在超过设定温度时及时报警，减轻患者、护理者的负担，降低持续高烧的风险；可视化的历史记录可为医生诊断提供准确有效的信息；配套的健康社区帮助年轻父母分享、交流育儿经验，互相学习照顾孩子。

**特点描述**

**监护 全天候**

全天候 24 小时显示当前体温，不必再用传统体温计手动测量；可以减少手工量体温对患者的打扰以及护理者的工作量。

图 4-53　全天候监护

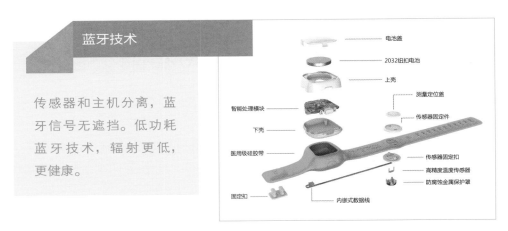

**蓝牙技术**

传感器和主机分离，蓝牙信号无遮挡。低功耗蓝牙技术，辐射更低，更健康。

电池盖
2032纽扣电池
上壳
测量定位盖
传感器固定件
智能处理模块
下壳
医用级硅胶带
传感器固定扣
高精度温度传感器
防腐蚀金属保护罩
固定扣
内嵌式数据线

图 4-54　体温计内部结构

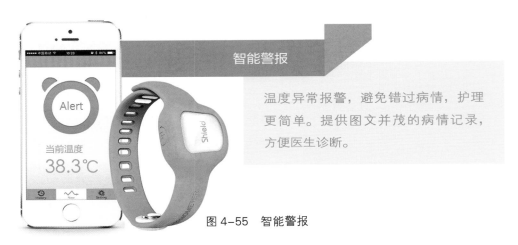

**智能警报**

温度异常报警，避免错过病情，护理更简单。提供图文并茂的病情记录，方便医生诊断。

图 4-55　智能警报

**硅胶材质**

采用医用级硅胶制作的扣带，环保 ABS，体感舒适，更具亲和力。

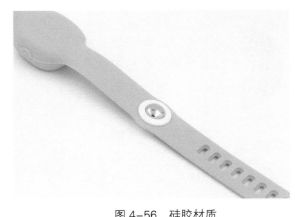

图 4-56　硅胶材质

表 4-11　宝儿智能体温计 NEE 评价表

| 产品评价标准 | | | 评 估 |
|---|---|---|---|
| 自然属性 | 造型 | 整体协调性 | ● |
| | | 流行趋势 | ◐ |
| | | 情景针对性 | ● |
| | | 品牌特征 | ◐ |
| | 功能 | 合理 | ● |
| | | 完整 | ● |
| | | 强大 | ◐ |
| | | 拓展 | ◐ |
| | 质量 | 可靠性 | ● |
| | | 加工工艺 | ● |
| | 技术 | 先进性 | ● |
| | | 稳定性 | ● |
| | | 兼容性 | ◐ |
| | 内容 | 合理 | ● |
| | | 健康 | ● |
| | | 更新 | ◐ |
| | 生态效率 | 生态足迹 | ◐ |
| | | 节能 | ○ |
| 体验属性 | 使用体验 | 人机交互 | ● |
| | | 情感 | ◐ |
| | 生活方式形成 | 生活环境 | N/A |
| | | 生活习惯 | ● |
| | | 生活态度 | ◐ |
| | | 生活质量 | ◐ |
| | 广泛利益 | 间接用户 | N/A |
| | | 影响范围 | ◐ |
| | | 社会责任 | ◐ |
| | 文化构建 | 审美趋势 | N/A |
| | | 行为模式 | ● |
| | | 符号与内容 | N/A |
| | | 价值观 | ◐ |
| 经济属性 | 企业内部 | 盈利 | ◐ |
| | | 市场占有率 | ● |
| | | 对品牌的贡献 | ● |
| | 产业影响 | 商业模式的改变 | ◐ |
| | | 周边产品种类及规模 | N/A |
| | | 带动或创造全新产业链 | ◐ |

注：●高　◐中　○低　N/A不可用/不适用/无法获得/无

**质量** 温度传感器和主机分离，通过硅胶带中间穿线连接起来；更好地兼顾测温的准确度和蓝牙信号的强度。这种工艺实现难度大，成本高，但造就了宝儿智能体温计的独特性能。

**造型** 产品外观设计基于品牌特征的考量，宝儿智能体温计的外观设计突出关爱、亲和的品牌个性。其外形设计的灵感来自于盾形，体现产品用于保护人们身体健康的特质；产品接触皮肤的部分所用的材料是医用硅胶，手感爽滑柔软，亲近肌肤。充分体现品牌特性。另外，产品多选用明快的色彩，比如：海水蓝、阳光橙、树叶绿，让人心情放松。

**企业内部** 宝儿智能体温计在国内知名的众筹网站点名时间上首发时，用户反应热烈，踊跃捐资。产品发货以后反馈良好，已经获得中国移动等大批量采购订单。

该产品的智能化设计帮助用户更方便地关注婴儿体温变化，并从材质等细节体现对婴儿的关怀。

**HyperSynes**

深圳海博思科技有限公司
www.hypersynes.com

产品背后的
故事

儿童发烧是很常见的病症，此时的父母是最累的。家长担心晚上睡着时孩子突然高烧而未及时护理，延误孩子病情。

如果设计这么一款产品，它可帮父母24小时监测孩子的体温变化，并在孩子高烧时及时提醒父母，让孩子和父母得到良好的休息，这必定是非常有意义的，宝儿智能体温计应运而生。

在项目最初阶段，设计团队从真实的使用场景入手，重新定义这个产品，包括它应具有的功能、使用方式和外观。特别是使用方式的设计，团队首先在测量准确度和测量难度之间取得平衡，选择腋窝作为测量点，并构思了多种佩戴方式，包括背胶粘贴式、臂带式、捆绑式。随后团队通过多次的原型测试，选择了用户体验相对较好的臂带式。使用医用硅胶制作，方便佩戴，并提高舒适性。

问题随之而来：臂带是软的，如何保证臂带能扣得牢固？通过多次模型验证，团队发现需要用硬的材质来做扣，比如金属或者硬塑胶。塑胶的量产效率高，成本低，而且形态塑造自由，是首选。考虑到作为儿童用的产品，防吞服是重要的设计要求，塑胶扣等小部件必须与硅胶带牢固结合。硅胶的弹性很好，与塑胶扣结合的时候，不能简单地把扣卡在硅胶中，而是需要直接在制作硅胶的时候把塑胶扣包住，并通过特殊工艺使二者紧密结合。这样生产成本虽然大幅升高，但保证了扣带的牢固和安全。随后试用了多种塑胶材料，才确定一种能耐200℃以上高温，不变形、不变色的材料。

在整个产品推进过程中，创新设计始终是最强的推动力。通过不断的制作快速原型，多次试错，最终设计出比较合理的解决方案。

宝儿智能体温计部分介绍资料由深圳市海博思科技有限公司提供

# 4.12 BonBon
## 乐心微信智能手环
### 广东乐心医疗电子股份有限公司

**产品**概述

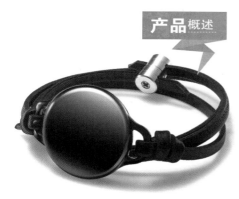

图 4-57　BonBon 乐心微信智能手环

BonBon 乐心微信智能手环（以下简称"BonBon 手环"）简单轻薄，时尚美观，与微信相连，微信扫一扫即可使用，不必下载 App 就可以实现健康检查、运动检测功能，同时可以和微信好友 PK，云端健康数据同步微信，运动积分奖励与好友排行榜督促运动。防水功能与转动手腕显示时间的新颖交互方式，让此款手环兼具了实用和时尚的功能。

**特点**描述

蓝牙芯片

BonBon 手环配置了迄今性能最强大的 ARM Cortex-M0 内核和低功耗蓝牙 SOC。搭配美国意法半导体公司（简称 ST）最新的高灵敏度 3D 加速度传感器，以及乐心领先的运动算法，使得产品具有最精准的测量、卓越的 RF 性能和极低的功耗。手环固件还可以通过乐心的专用软件进行空中升级，永远不用担心手环的功能落后。

迄今性能最强大的
ARM Cortex-M0内核蓝牙SOC

3D
意法半导体高灵敏度
3D加速传感器

图 4-58　蓝牙芯片

每个手环都配有二维码身份证，只需用微信扫一扫，即可在微信上尽情畅玩，设定目标、挑战任务、好友 PK 等。免去下载 App、注册账号、蓝牙对接等会增加用户负担的操作。

图 4-59　微信一扫即用

自由佩戴方式

手腕、头发、脖子，甚至脚踝……BonBon 手环可随意佩戴。摒弃千篇一律的塑胶腕带，BonBon 手环可灵活拆卸的牛皮腕带，让 DIY 有无限可能。用户可更换与制作自己喜欢的样式、材质、任何颜色的腕带。智能设备，完美地融入到用户的生活中。

图 4-60　自由佩戴方式

**造型**　外观设计新颖时尚，一反智能可穿戴设备方方正正的科技感造型，更接近配饰，减少给用户带来的距离感，符合其生活、运动的产品定位，并且佩戴起来美观与服饰融为一体，没有科技产品带来的生硬感。

**技术**　优化了蓝牙和 3D 加速传感器，使用纽扣电池而非目前应用更多的充电锂电池，兼容性更好，同时兼容 iOS 及 Android4.3 以上所有蓝牙智能手机。

表 4–12　BonBon 手环手环 NEE 评价表

| 产品评价标准 | | | 评 估 |
|---|---|---|---|
| 自然属性 | 造型 | 整体协调性 | ● |
| | | 流行趋势 | ● |
| | | 情景针对性 | ● |
| | | 品牌特征 | ◑ |
| | 功能 | 合理 | ● |
| | | 完整 | ● |
| | | 强大 | ◑ |
| | | 拓展 | ◑ |
| | 质量 | 可靠性 | ● |
| | | 加工工艺 | ● |
| | 技术 | 先进性 | ◑ |
| | | 稳定性 | ◑ |
| | | 兼容性 | ● |
| | 内容 | 合理 | ● |
| | | 健康 | ● |
| | | 更新 | ● |
| | 生态效率 | 生态足迹 | ◑ |
| | | 能耗 | ● |
| 体验属性 | 使用体验 | 人机交互 | ● |
| | | 情感 | ◑ |
| | 生活方式形成 | 生活环境 | ◑ |
| | | 生活习惯 | ● |
| | | 生活态度 | ◑ |
| | | 生活质量 | ◑ |
| | 广泛利益 | 间接用户 | ◑ |
| | | 影响范围 | ◑ |
| | | 社会责任 | ◑ |
| | 文化构建 | 审美趋势 | N/A |
| | | 行为模式 | ● |
| | | 符号与内容 | N/A |
| | | 价值观 | ◑ |
| 经济属性 | 企业内部 | 盈利 | ● |
| | | 市场占有率 | ◑ |
| | | 对品牌的贡献 | ● |
| | 产业影响 | 商业模式的改变 | N/A |
| | | 周边产品种类及规模 | N/A |
| | | 带动或创造全新产业链 | N/A |

注：●高　◑中　○低　N/A 不可用 / 不适用 / 无法获得 / 无

**使用体验**　以用户为中心的设计，操作简单，无须安装 App，用户学习门槛更低。转动显示的新颖交互方式给用户带来了更好的交互体验。通过社交应用排名增加用户对产品的依赖感。

**生活方式形成**　通过激励用户参与运动，培养用户健康运动的生活习惯，进而影响到用户更积极向上的生活态度。关注健康可以说是新的社会潮流，运动健身也日益成为大众愿意参与并从中获得健康效益的活动。此款手环让用户在移动社交网络上排名评比以督促运动，使全民健身日益深入大众的观念，对提高民众身体素质有一定的积极导向作用。同时亲民的价格也使运动可穿戴设备更容易被大众接受。

设计3.0趋势体现评估

该产品利用世界领先的传感器技术监测用户健康和运动数据，并提供社交功能。符合设计 3.0 发展趋势。

作为首批参与微信连接硬件的厂商，乐心向用户呈现了一款更具个性化的产品，"BonBon"的佩戴位置、风格都可以由用户来决定。

基于这种理念，创造了更为迷你、更为自由且极具欢乐气息的"BonBon"。法文中的 BonBon 意指"糖果"，它既是香槟开启时的谐音，承托欢乐气氛，也是置身电音 high 乐中"蹦蹦"的谐音，是热情涌动的超炫体验。

Bonbon 乐心微信智能手环部分介绍资料由广东乐心医疗电子股份有限公司提供

# 4.13 Cuptime
## 智能水杯
### 深圳麦开网络技术有限公司

**产品**概述

Cuptime 智能水杯是全球第一款真正的智能水杯，它能够精确地记录用户的每一次饮水及饮水量，配合先进的水平衡算法，Cuptime 智能水杯总是能够在最适合的时间提醒用户该喝水了。帮用户养成更健康的生活方式，在最适合的时间摄入水分。

图 4-61　Cuptime 智能水杯

**特点**描述

算法精确

Cuptime 智能水杯记录用户每天喝了多少水，高精度传感器配合精确的算法，误差不超过 20ml。而且，使用了 3D 加速传感器，研发了动作识别算法，当把水倒掉的时候，Cuptime 智能水杯能够辨别这个动作并不会误计算。

图 4-62　算法精确

## 饮水计划

DPAT 多维智能饮水计划，根据饮水量、体质、活动量、环境温度，为用户设计最合理的饮水时间和水量，并通过蓝牙 4.0 将 DPAT 储存至用户的 Cuptime。

### DPAT 智能饮水计划

DPAT 是一个多维智能饮水计划，根据你的饮水量、体质、活动量、环境温度，
为你设计最合理的饮水时间和饮水量，
并通过蓝牙 4.0 将 DPAT 存储至你的 Cuptime。

饮水量
体质
环境
活动量

图 4-63　饮水计划

---

### 水温提示

Cuptime 内置有温度传感器，所以 Cuptime 能够知道杯子里的水温，
并通过不同颜色的指示灯提示你，
避免你在饮水的时候不小心被烫伤。

| 0~35℃ | 35~75℃ | 75~95℃ |
| COOL | WARM | HOT |

**水温提示**

Cuptime 智能水杯内置有温度传感器，所以 Cuptime 智能水杯能够测量杯子里的水温，并通过不同颜色的指示灯提示用户，避免在饮水时不小心烫伤。

图 4-64　水温提示

---

**配合手机端应用**

通过蓝牙 4.0，Cuptime 智能水杯可以非常方便地将饮水信息传输至手机。可以在手机里查看并管理自己的饮水计划，甚至可以看到 App 对用户饮水习惯的评价和建议。

### 养成良好的饮水习惯

通过蓝牙 4.0，Cuptime 可以将饮水信息传输至手机。
你可以查看并管理自己的饮水计划，
或者你可以看到 App 对用户饮水习惯的评价和建议。

图 4-65　配合手机端应用

表 4-13　Cuptime 智能水杯 NEE 评价表

| 产品评价标准 | | | 评估 |
|---|---|---|---|
| 自然属性 | 造型 | 整体协调性 | ● |
| | | 流行趋势 | ◖ |
| | | 情景针对性 | ● |
| | | 品牌特征 | ◖ |
| | 功能 | 合理 | ● |
| | | 完整 | ● |
| | | 强大 | ◖ |
| | | 拓展 | ◖ |
| | 质量 | 可靠性 | ● |
| | | 加工工艺 | ● |
| | 技术 | 先进性 | ● |
| | | 稳定性 | ◖ |
| | | 兼容性 | ◖ |
| | 内容 | 合理 | ● |
| | | 健康 | ● |
| | | 更新 | ◖ |
| | 生态效率 | 生态足迹 | ◖ |
| | | 节能 | ○ |
| 体验属性 | 使用体验 | 人机交互 | ● |
| | | 情感 | ◖ |
| | 生活方式形成 | 生活环境 | N/A |
| | | 生活习惯 | ● |
| | | 生活态度 | ◖ |
| | | 生活质量 | ◖ |
| | 广泛利益 | 间接用户 | N/A |
| | | 影响范围 | ◖ |
| | | 社会责任 | ◖ |
| | 文化构建 | 审美趋势 | N/A |
| | | 行为模式 | ● |
| | | 符号与内容 | N/A |
| | | 价值观 | ◖ |
| 经济属性 | 企业内部 | 盈利 | ◖ |
| | | 市场占有率 | ● |
| | | 对品牌的贡献 | ● |
| | 产业影响 | 商业模式的改变 | ◖ |
| | | 周边产品种类及规模 | N/A |
| | | 带动或创造全新产业链 | ◖ |

注：●高　◖中　○低　N/A 不可用 / 不适用 / 无法获得 / 无

**质量**　Cuptime 智能水杯使用了安全的 Tritan 材料作为内胆，Tritan 在欧美是用作婴儿奶瓶的一种材料；Cuptime 智能水杯的防水等级为 IPX 6，可以短时间浸泡；两节纽扣电池可以使用 4~6 个月的时间。

**技术**　Cuptime 智能水杯包含了三个功能，分别是饮水监测、饮水计划和饮水提醒。在使用时，它会根据内置的四个传感器（压力传感器、3D 加速传感器、温度传感器和触摸传感器）配合不同的算法来监测饮水量，判断倒水动作以及设计出合理的饮水计划。Cuptime 智能水杯还能通过不同颜色的指示灯提示杯中的水温，通过应用后台的数据算法提醒用户喝水。

**生活方式形成**　Cuptime 智能水杯是一款能帮助用户养成良好饮水习惯的智能水杯。

# mecare 麦开

　　麦开团队最早时只有三个人，包括一个 CEO，一个做销售，还有一个做技术，对智能硬件了解很少，麦开团队甚至不知道一个产品要先做外观设计再做结构设计，以及对开模等流程也不清楚。但是团队克服了各种困难，逐渐摸索，整合了各种资源，先后在智能硬件领域出品了运动跟踪器、lemon 智能体重计、Cuptime 智能水杯，并获得了成功。lemon 智能体重计在点名时间众筹成功，筹得 151491 元。Cuptime 智能水杯于 2014 年 1 月在点名时间成功众筹了近 140 万元。

　　Cuptime 智能水杯由于是全球第一款，没有任何参照模板，完全自己摸索。它通过蓝牙同手机相连，可以在恰当的时候提醒用户喝水。2014 年 8 月 30 日在京东首发，之前的试销反响也很好。目前 Cuptime 智能水杯每月已经有了百万元左右的收入。在 2014 年早期已获得天使湾创投 500 万元人民币融资，团队也在不断壮大。

Cuptime 智能水杯部分介绍资料由麦开网提供

# 顽石 2 代
## 户外防水蓝牙音箱
## 厦门市拙雅科技有限公司

**产品**概述

随着经济的发展、生活水平的日益提高，人们对高品质的户外电子产品的需求也与日俱增，在此契机下，能够带给用户高品质的听觉享受，同时满足便携性、适应户外极端环境的音箱产品顽石 2 代户外防水蓝牙音箱（以下简称"顽石 2 代"）诞生了。顽石 2 代可以通过蓝牙与手机、平板或任何带有蓝牙功能的设备进行无线连接配对使用，给用户提供强劲的低音和清澈的音效体验。同时，在产品设计定义时还考虑了产品在更广泛使用环境下的扩展运用，如免提通话功能、电话会议功能，也可固定在自行车及婴儿车上或是使用挂钩把它挂在腰上及其他地方使用。顽石 2 代作为户外三防音箱的先行者填补了市场空白。

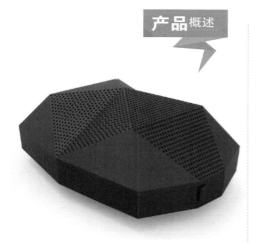

图 4-66 顽石 2 代户外
防水蓝牙音箱

**特点**描述

绝佳音质

独立功放芯片，英国 CSR 高端蓝牙芯片，获国际品质认证，支持高保真信号通道，CD 级立体声音频，低音效果绝佳，两个精密调制过的钕制扬声驱动器与大型无源辐射器相结合，诠释了自然深沉而宽广的音效印象。

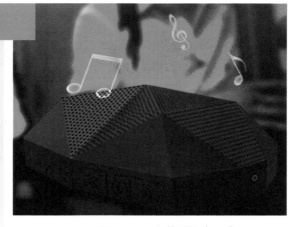

图 4-67 立体环绕音示意

## 随享无线音乐

蓝牙连接摆脱了传统线缆对户外运动的限制，用户可以随心所欲播放手机、平板电脑或笔记本电脑中喜爱的音乐，持续播放15小时。

图 4-68　内部结构示意

图 4-69　防水且无惧跌落

## IPX5 等级防水，无惧雨淋跌落

得益于其特殊设计，顽石2代户外防水蓝牙音箱通过 FCC、CE、ROHS、TELEC 认证，无须担心雨淋跌落及粗暴使用，对于要求特殊耐用性的户外活动来说绝对是完美选择。

## 便捷免提通话

借助内置麦克风，顽石2代户外防水蓝牙音箱可作为电话扬声器使用。来电时，音乐会暂停，用户可通过音箱通话，还可以召开会议时通话或在聚会时给好友打电话。不管是哪种方式，效果都非常出色。

图 4-70　免提通话示意

表 4–14　顽石 2 代 NEE 评价表

| 产品评价标准 | | | 评 估 |
|---|---|---|---|
| 自然属性 | 造型 | 整体协调性 | ● |
| | | 流行趋势 | ● |
| | | 情景针对性 | ◐ |
| | | 品牌特征 | ◖ |
| | 功能 | 合理 | ● |
| | | 完整 | ● |
| | | 强大 | ● |
| | | 拓展 | ● |
| | 质量 | 可靠性 | ● |
| | | 加工工艺 | ◐ |
| | 技术 | 先进性 | ● |
| | | 稳定性 | ● |
| | | 兼容性 | ● |
| | 内容 | 合理 | N/A |
| | | 健康 | N/A |
| | | 更新 | N/A |
| | 生态效率 | 生态足迹 | ◐ |
| | | 节能 | ◐ |
| 体验属性 | 使用体验 | 人机交互 | ● |
| | | 情感 | ● |
| | 生活方式形成 | 生活环境 | ● |
| | | 生活习惯 | ● |
| | | 生活态度 | ◐ |
| | | 生活质量 | ● |
| | 广泛利益 | 间接用户 | N/A |
| | | 影响范围 | ○ |
| | | 社会责任 | ◐ |
| | 文化构建 | 审美趋势 | ● |
| | | 行为模式 | ● |
| | | 符号与内容 | ◐ |
| | | 价值观 | ◐ |
| 经济属性 | 企业内部 | 盈利 | ● |
| | | 市场占有率 | ◐ |
| | | 对品牌的贡献 | ● |
| | 产业影响 | 商业模式的改变 | ○ |
| | | 周边产品种类及规模 | N/A |
| | | 带动或创造全新产业链 | ● |

注：●高　◐中　○低　N/A 不可用 / 不适用 / 无法获得 / 无

**造型**　产品外观设计基于品牌特征的考量。独特的钻石切面搭配炫酷的配色，时尚前卫，极富张力的几何形态，动感十足完美诠释乐享户外的品牌理念。

**技术**　防水结构可靠，喇叭单元优质。不同材质通过严格调整控制，呈现相同颜色，保证色彩的纯粹。

**企业内部**　该产品是公司户外蓝牙音箱产品系列的经典之作，在一定程度上奠定了公司在户外电子行业特别是户外蓝牙音箱行业的领先地位。由于产品独特的设计及高质量的性能迎合了市场的需求，加上有效的成本控制，产品在短短的一年时间为企业创造了上百万元的利润。产品一上市就深受国内外广大用户的喜爱，在同体量的户外蓝牙音箱市场份额达到 50％。

**产品影响**　顽石产品大大促进了户外蓝牙音箱在国内的发展，产品的外形设计、性能都成为了行业的学习方向。

该产品体现了智能化的设计趋势，强调了人与物之间的交互体验，满足用户个性化的要求。符合设计 3.0 趋势。

顽石 2 代在音质上以国际上最好的同类音箱为技术标杆，由于产品定位在户外使用，需要做防水处理，技术部门花了大量的时间在调试音质和防水的平衡。同时由于防水处理，音腔处于很好的密闭状态，带来了很好的音质的回报。特殊的底部低音辐射器的设计，让顽石 2 代在同体量的产品中，低音效果明显领先。它充分考虑用户的使用环境，在底部创新性地运用了标准锁孔的设计，用户可以很方便地通过配件将产品固定在自行车上、背包上、游艇上，充分的可扩展的配件设计满足用户更多样化的体验。顽石 2 代的独特性带来很好的市场认可，以 159 美元的价格在亚马逊销售时销量很好，早期由于产能未能很好地跟上，导致一机难求，网上有把产品炒到 200 多美元销售，同时被国内外多家网络媒体报道。在产品策划初期就在定位思考上充分创新，而在音频方案上也突破了传统的布局，带来独特的震撼低音，同时创新的携带方式，使用场景给用户带来新的使用体验，加上独特的创新造型，最终获得市场的高度认可，用户的喜爱。

顽石 2 代户外防水蓝牙音箱部分介绍资料由厦门市拙雅科技有限公司提供

# 4.15 窗宝 W730-WI 智能擦窗机器人
## 科沃斯机器人科技（苏州）有限公司

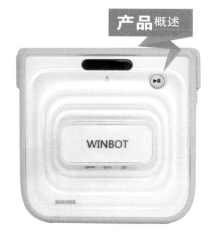

图 4-71 窗宝 W730 智能擦窗机器人

擦窗肯定要登高，潜在的危险导致一些高层建筑几乎常年都不会清洁窗户。水桶、抹布、刮窗器，每一次擦窗都要准备烦琐的工具，如需清洁也要找专业人士帮忙，既增加额外开销，又添了不少麻烦，看似简单的擦窗工作，其实并不容易。

科沃斯窗宝 W730 智能擦窗机器人（以下简称"窗宝"）突破了传统人工擦窗的种种局限，规避高处擦窗的危险，轻松解决大面积或高层窗户的日常擦拭难题。无须人工辅助操作，窗宝启动后即可紧密吸附于玻璃表面，智能探测窗户环境，自动规划，全面清洁。创新单面擦拭，不受玻璃厚度限制；精准识别边框，无框玻璃同样应对自如；此外，电源延长线让窗宝的可清洁区域无限延展任何宽度大于 45cm、高度大于 60cm 的平面光滑玻璃。

## 自动报警

自动报警提示，遇到意外情况，双面指示灯同时提示，让用户随时掌握工作状态。

图 4-72 自动报警

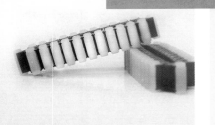

**防滑驱动轮**
履带式驱动轮+柔软硅胶材质，
动力强劲有效防滑

**智能规划路线**

窗宝会自动识别窗户大小，并智能规划合适路线，以"之"字路线清洁，保障每个角落都清洁干净，并且保证没有重复清洁。

图 4-73　智能规划路线

**双吸盘设计**

双吸盘设计使这款窗宝可以直接吸附在窗户上，完成单侧玻璃擦拭而不像前代产品受玻璃厚度等因素制约。

**双吸盘双重保险**
当外圈吸盘因异物导致漏气时，内圈吸盘依然保持真空密封状态，此时窗宝会红灯闪烁智能报警，保证全程擦窗安全。

图 4-74　双吸盘设计

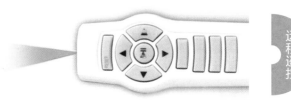

远程遥控

图 4-75　远程遥控

远程遥控，可以让用户远程操控启动、暂停、方向控制、异常情况下重启、方向控制等。

三步一体

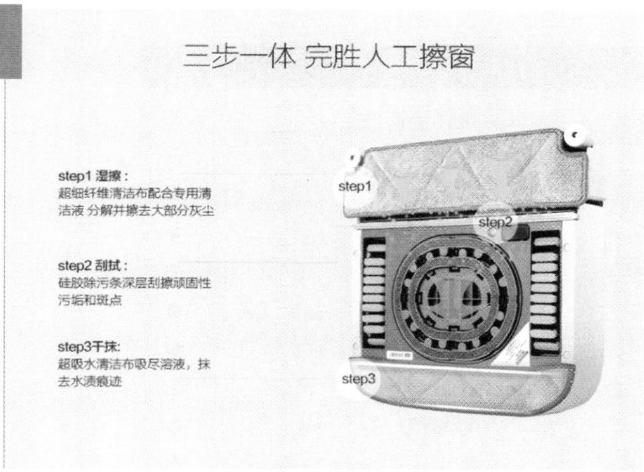

三步一体 完胜人工擦窗

湿擦，超细纤维清洁布配合专用清洁液分解并擦去大部分灰尘。刮拭，硅胶除污条深层刮擦顽固性污垢和斑点。干抹，超吸水清洁布吸尽溶液，抹去水渍痕迹。

step1 湿擦：
超细纤维清洁布配合专用清洁液 分解并擦去大部分灰尘

step2 刮拭：
硅胶除污条深层刮擦顽固性污垢和斑点

step3 干抹：
超吸水清洁布吸尽溶液，抹去水渍痕迹

图 4-76　三步一体

窗宝帮助用户擦洗玻璃，减少用户的体力输出，规避高层擦洗玻璃的风险。围绕着擦玻璃这项功能，窗宝还设计了双吸盘防滑功能，智能检测吸盘漏气功能，故障自动提示功能等，都保障了产品工作的可靠性，功能完整而且强大。

**功能**

**技术**

与市面上双面清洁的擦玻璃器不同，窗宝的双吸盘设计提供了超强吸附力，可以使它在单面玻璃上轻松工作，而不受玻璃厚度等因素影响。窗宝防断电内置电池、工作时使用的安全扣、双吸盘设计以及自动报警提示功能都保障了这款产品的稳定性与可靠性。

**生活方式形成**

窗宝改变了用户擦洗玻璃的习惯，对于擦玻璃这个行为，用户的直接参与大大减少，解放了用户。在现代生活中，用户下班回来无需太过操心家务，用户劳力输出的减少也使用户的生活品质得到了提升。

**企业内部**

作为国内领先的智能窗户清洁机器人，窗宝在市场占有率上具有绝对优势。这款产品对于科沃斯提升品牌知名度也有着重要意义。

表 4-15　窗宝 NEE 评价表

| 产品评价标准 | | | 评 估 |
|---|---|---|---|
| 自然属性 | 造型 | 整体协调性 | ● |
| | | 流行趋势 | ◐ |
| | | 情景针对性 | ● |
| | | 品牌特征 | ● |
| | 功能 | 合理 | ● |
| | | 完整 | ● |
| | | 强大 | ● |
| | | 拓展 | N/A |
| | 质量 | 可靠性 | ● |
| | | 加工工艺 | ● |
| | 技术 | 先进性 | ● |
| | | 稳定性 | ● |
| | | 兼容性 | N/A |
| | 内容 | 合理 | N/A |
| | | 健康 | N/A |
| | | 更新 | N/A |
| 体验属性 | 生态效率 | 生态足迹 | ◐ |
| | | 节能 | ◐ |
| | 使用体验 | 人机交互 | ● |
| | | 情感 | ● |
| | 生活方式形成 | 生活环境 | ● |
| | | 生活习惯 | ● |
| | | 生活态度 | ◐ |
| | | 生活质量 | ● |
| | 广泛利益 | 间接用户 | ◐ |
| | | 影响范围 | ◐ |
| | | 社会责任 | ◐ |
| | 文化构建 | 审美趋势 | N/A |
| | | 行为模式 | ● |
| | | 符号与内容 | ◐ |
| | | 价值观 | N/A |
| 经济属性 | 企业内部 | 盈利 | ● |
| | | 市场占有率 | ● |
| | | 对品牌的贡献 | ● |
| | 产业影响 | 商业模式的改变 | ◐ |
| | | 周边产品种类及规模 | ◐ |
| | | 带动或创造全新产业链 | ● |

注：●高　◐中　○低　N/A 不可用/不适用/无法获得/无

**设计 3.0 趋势体现评估**

窗宝具有智能化的特点，工作时可以智能规划工作路线。其简便的操作也能帮助老年人、残疾人完成一定的家庭劳务，具备普惠性的特点。符合设计 3.0 的发展趋势。

2011 年 10 月，科沃斯第一代自动擦窗机器人面世，第一代产品参照了传统手动擦窗器利用磁铁磁力吸附在玻璃两侧的原理，通过钕铁硼永磁体的相互吸引作用，将驱动机和随动机牢牢贴合在玻璃表面上。在接通电源后，表面附有的履带式滚轮带动驱动机和随动机走动，安置在驱动机、随动机内侧的污渍清洁布和水渍清洁布在磁体吸引压力和滚轮驱动力一同作用下自动擦拭玻璃，达到清洁的目的。

第一代产品在工作中同步清洁两侧玻璃，效率更高，但也存在诸多问题。比如在遇到厚度较大的玻璃、双层玻璃或是只有单面的镜面等情况下第一代窗宝将无法工作。此外，第一代产品自身体量较大，也一定程度上影响了产品工作的灵活性。

2012 年 7 月，全球首款单边擦窗机器人问世，内置的微型真空泵保证窗宝持久安全吸附在玻璃一侧，窗宝能够在更多样的环境下进行工作。升级后的窗宝同时改进了清洁方式，一次经过时湿擦、刮拭、干擦（污渍清洁布、除污条、水渍清洁布）同时实现，改善了过去单次经过只能完成湿擦或干擦的情况，大大提高了清洁效率。

如今，经过了无数次的改进、创新之后的窗宝带来了更人性化的设计，更好的用户体验，更智慧的擦窗方式，窗宝以更完美的形象呈现在了用户面前。

窗宝 W730 智能擦窗机器人部分介绍资料由科沃斯机器人科技（苏州）有限公司提供

## 4.16 Q1R
CHiQ 电视
长虹集团

图 4-77　长虹 CHIQ Q1R 电视

长 虹 CHIQ Q1R 电 视（以下简称"Q1R"）是一款针对高端消费者而设计的，搭 载 Android4.2 系统的 4K 智能 3D 电视产品。其采用无边框设计，为用户提供最佳的视觉体验。

Q1R 采用分辨率高达 3840×2160 的 IPS 屏体，拥有 4K 晶显引擎以及 4K 极速光控等核心显示技术，在功能上强化了长虹 CHIQ 系列的"四个看"——移动看电视、回放看直播、按类点节目、操控更自由，特别是"电视可以带走看"这一功能带给用户更好的体验。

Q1R 延续 CHIQ 系列弧形产品形象识别系统，辅以金属拉丝质感和弧形线性呼吸灯光；薄型化、纹理化的后盖设计，增强细节精致度的同时也带来了零件良品率的提升；化整为零、由几个小零件组成的模块化的底座设计，控制了成本的同时也保证形态时尚、靓丽，而利于回收再利用的金属材料也让这款产品更加环保。

Ciri° 4.0 语音交互

国际领先语音交互技术，通过语音云、语音识别、语音合成三项主要技术配以友好用户体验与智能语音控制技术，以实现智能电视与人的更好交互。

图 4-78　语音交互

**多屏互联**

全新智控 6.0，电视屏、电脑屏、手机屏、PAD 屏，多屏互联。

图 4-79 多屏互联

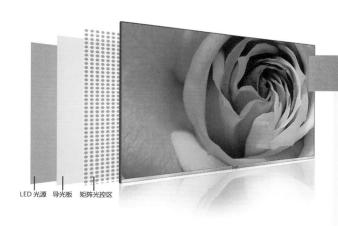

LED 光源　导光板　矩阵光控区

**4K 极速光控**

长虹独家电视采用动态光控技术，背光亮度与画面对比度随画面变化自动补偿，使画面富有层次感，实现低功耗、护眼的作用。

图 4-80 动态光控

**搭载丰富内容，语音浏览**

搭载丰富的视频节目，语音浏览器全面升级，专为 UMAX 观影量身设计，告别鼠标。

图 4-81 搭载丰富内容，语音浏览

**功能** 功能完整合理强大，可以实现对冰箱，空调等其他设备的监控和操作，用户可以很方便地摆脱遥控器，拓展性强。

**技术** 技术先进，兼容各平台手机控制多屏互联，并可通过电视控制其他电器，兼容性强。

**内容** 提供了体感游戏，与知名教育平台"冰河"合作，提供从幼儿园到大学课程，内容丰富。

**使用体验** 国际领先的语音交互技术，通过语音云、语音识别、语音合成三项主要技术配以友好用户体验与智能语音控制技术方便用户与智能电视进行人机交互，多屏互动。

**造型** 一体化纯钢拉丝机身，业界领先的无边框技术，造型时尚、漂亮、雅致，整体协调，引领潮流。

**企业内部** CHiQ 系列是基于家庭互联网形态下，面向未来的差异化新产品品类系列，用于长虹集团旗下基于家庭互联网形态下的一系列差异化新产品，布局企业未来智能家居战略。

表 4-16 长虹 CHIQ Q1R 电视 NEE 评价表

| | 产品评价标准 | | 评估 |
|---|---|---|---|
| 自然属性 | 造型 | 整体协调性 | ● |
| | | 流行趋势 | ● |
| | | 情景针对性 | ● |
| | | 品牌特征 | ◑ |
| | 功能 | 合理 | ● |
| | | 完整 | ● |
| | | 强大 | ● |
| | | 拓展 | ● |
| | 质量 | 可靠性 | ● |
| | | 加工工艺 | ● |
| | 技术 | 先进性 | ● |
| | | 稳定性 | ● |
| | | 兼容性 | ○ |
| | 内容 | 合理 | ● |
| | | 健康 | ● |
| | | 更新 | ◑ |
| 体验属性 | 生态效率 | 生态足迹 | ○ |
| | | 节能 | ● |
| | 使用体验 | 人机交互 | ● |
| | | 情感 | ● |
| | 生活方式形成 | 生活环境 | ● |
| | | 生活习惯 | ◑ |
| | | 生活态度 | ◑ |
| | | 生活质量 | ● |
| | 广泛利益 | 间接用户 | N/A |
| | | 影响范围 | N/A |
| | | 社会责任 | ◑ |
| | 文化构建 | 审美趋势 | ● |
| | | 行为模式 | ◑ |
| | | 符号与内容 | ◑ |
| | | 价值观 | ◑ |
| 经济属性 | 企业内部 | 盈利 | ● |
| | | 市场占有率 | ◑ |
| | | 对品牌的贡献 | ● |
| | 产业影响 | 商业模式的改变 | N/A |
| | | 周边产品种类及规模 | N/A |
| | | 带动或创造全新产业链 | ◑ |

注：●高 ◑中 ○低 N/A 不可用 / 不适用 / 无法获得 / 无

# CHANGHONG 长虹

一个微笑式的开机灯光表明了 CHIQ 这个品牌是如何的亲和，全金属打造的外观也很难掩盖 Q1R 电视带给消费者的亲和、亲近、温暖的感受。

Q1R 设计团队始终坚信，设计的过程不仅是创造的过程，更是一个选择式的过程，高端的定位下，该团队选择了能传达高品质的金属材料来使用，通过对金属材料的熟悉、了解和掌握，团队成员清楚地知道金属材料的属性可以发挥成怎样，也知道所塑造出的每一个形态、每一个细节都会是那么的禁得起推敲和考量，对于材料属性的熟知才能保证 Q1R 的每一个细节的形态都会是最优的，当然也是最美的。

对于产品属性的熟知离不开产业链条中前端零部件厂家的支持，通过与国内外多个相关产业中重要的厂家的沟通，自身的知识体系得到了提升，多方面能够在某一问题上达成共识是一个优良产品得以产出的保证，这个过程，是大家共同提高的过程，是有利于整个产业向一个更优的方向发展的必要环节和保证。

创新是现代企业的核心竞争力，行业的竞争日趋激烈和白热化，只有通过创新，掌握原创的差异化的技术和产品，才能在行业中取得优势，进而转化成利润。

长虹 CHiQ Q1R 电视部分介绍资料由长虹集团提供

# 4.17 天赐 E900U 电视机 创维集团

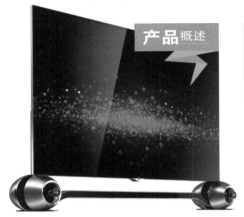

图 4-82　创维天赐 E900U 电视

**产品**概述

创维天赐 E900U 电视（以下简称"E900U"）是创维品牌电视产品陈列中的高端旗舰产品。E900U 是全球首款真正实现音画分离的电视产品，颠覆了原有的彩电行业传统的产品设计模式。E900U 采用独特酷炫的电视、音箱一体化设计方案，超薄、超窄边的显示屏体，全色域 4K 显示技术，在 LED 显示技术上有着突破的发展，显示效果直逼 OLED 产品；"双引擎"音响系统与屏体有机分离式设计，既可以按照传统的模式整体使用，又可独立功放应用，减少主体耗电量；内置无线数据传输系统，完美实现音画同步无线传播。E900U 产品兼顾了电视设计的时尚和高保真音质还原的双重需要，对整个电视机行业的发展有着前瞻性的积极影响。

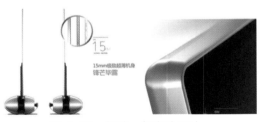

图 4-83　超薄、超窄边设计

**特点**描述

一体化超薄、超窄边设计

电视机主体采用显示屏模组整机一体化超薄、超窄边设计方案。采用屏体部件直接外露的方式，从而实现 65 英寸电视机身边宽 7.5mm、机身厚度 15mm 的超薄、超窄边设计。

## 独立音响与机身底座一体化设计

E900U 最醒目的特征在于其音响系统。产品两个音箱酷似飞机双引擎分别置于显示屏两侧，称为"双引擎"音响。音响系统同时是整机底座支架，通过音箱上部的底座支柱，可以将机身与音箱连接，音箱与底座合二为一，通过无线传输协议实现音频信号的无线传输，达到音画同步的效果。

图 4-84　独立音响

## 全频段无痕化音箱箱体设计

分体 2.0 音箱设计，通过高端全频单元，带来 HIFI 体验；通过后置倒相孔让低频与反射物体形成衍反射，让低频和超低频端声音更有力量；音箱承重中腔采用压铸铝型材一体成型；底座采用铝合金材质阳极氧化处理；金属网喇叭网孔细密紧致，孔边距做到 0.2mm；音箱本体采用隐藏式螺钉设计，整体外观更完美统一。

## 天赐系统

天赐系统是继电脑、手机 /PAD 操作系统之后的第三类操作系统，专为电脑而生。实现了悬浮 UI、多任务运行、内容跨界融合、同步第二屏等颠覆性体验。

**技术**　拥有超越业内至少半年的全色域 4K 技术提供无与伦比的健康画质。有更好的兼容性，专属电视并且可多平台、多终端兼容；开放平台，支持自由开发者开发；用户可自主刷机。

**内容**　针对健康云电视，以好莱坞等国内外 30 余家全球顶级影视公司为内容平台，提供更多、更快、更好、更省的正版高清影片。有更好的云平台，涉及娱乐，健康，生活等各个方面。

**使用体验**　专门为电视设计的天赐系统，更注重用户体验，更多考虑到了家庭成员间的共享，可以多屏互动，悬浮式窗口使界面更美观，也使搜索更方便。优质健康的音画效果打造的是全方位的家庭影院式的感受。

设计3.0趋势
体现评估

该产品的云内容和为电视设计的天赐系统体现了设计3.0智能的趋势。

其对于不同类型的用户有针对性的云平台，同时有方便的操作系统，体现了普惠的原则。

表4-17　创维天赐 E900U 电视 NEE 评价表

| 产品评价标准 | | | 评 估 |
|---|---|---|---|
| 自然属性 | 造型 | 整体协调性 | ● |
| | | 流行趋势 | ● |
| | | 情景针对性 | ● |
| | | 品牌特征 | ◑ |
| | 功能 | 合理 | ● |
| | | 完整 | ● |
| | | 强大 | ● |
| | | 拓展 | ● |
| | 质量 | 可靠性 | ● |
| | | 加工工艺 | ● |
| | 技术 | 先进性 | ● |
| | | 稳定性 | ● |
| | | 兼容性 | ● |
| | 内容 | 合理 | ● |
| | | 健康 | ● |
| | | 更新 | ● |
| | 生态效率 | 生态足迹 | ○ |
| | | 节能 | ◑ |
| 体验属性 | 使用体验 | 人机交互 | ● |
| | | 情感 | ● |
| | 生活方式形成 | 生活环境 | ◑ |
| | | 生活习惯 | ◑ |
| | | 生活态度 | ◑ |
| | | 生活质量 | ● |
| | 广泛利益 | 间接用户 | N/A |
| | | 影响范围 | N/A |
| | | 社会责任 | ◑ |
| | 文化构建 | 审美趋势 | ◑ |
| | | 行为模式 | ◑ |
| | | 符号与内容 | ◑ |
| | | 价值观 | ◑ |
| 经济属性 | 企业内部 | 盈利 | ● |
| | | 市场占有率 | ● |
| | | 对品牌的贡献 | ● |
| | 产业影响 | 商业模式的改变 | N/A |
| | | 周边产品种类及规模 | N/A |
| | | 带动或创造全新产业链 | N/A |

注：●高　◑中　○低　N/A 不可用 / 不适用 / 无法获得 / 无

# Skyworth 创维

E900U 的设计师正立足于"新年轻家庭"提出了大胆的设计构想。"新年轻家庭"的工作压力大、生活压力小，所以他们重视品质并乐于享受生活，有自己的品味和见解，所以他们乐于接受新鲜事物并崇尚自由和飞翔。由此，通过澎湃音响系统和极致显示屏体的有机组合，产生了"双引擎"的设计构想。设计构思源自飞机引擎，两个音箱酷似双引擎分别置于显示屏左右下侧，故称之为"双引擎"音响。用超薄极窄边框的 4K 高清屏幕给用户还原最真实视觉享受，通过充满澎湃动力的飞机引擎比喻搭载了全频 HiFi 的音响系统，给用户最震撼的听觉体验，一个优秀的设计由此产生。

在实现这个构想的过程中，极致纤薄、一体成型的机身，整体化无痕成型的音腔系统，有机形态的横梁，以及机身与底座便捷的连接与拆卸，音频无线传输并达到完美的音画同步等等技术难关，都在产品开发过程中一一攻克。E900U 真正实现了以设计为主导的产品开发理念。

创维天赐 E900U 电视部分介绍资料由创维集团提供

# 4.18 BCD-580WBCRH
## 卡萨帝对开门冰箱
## 海尔集团

图 4-85　卡萨帝对开门冰箱
BCD-580WBCRH

卡萨帝对开门冰箱 BCD-580WB CRH（以下简称"卡萨帝对开门冰箱"）顺应现在市场的流行趋势，以及消费者对冰箱的需求与期望。更加温馨、更加简洁与大气的设计更受消费者的青睐，基于这种设计理念和方向，采用无边框玻璃镶嵌技艺、竖向的暗把手设计，以及与门体同宽豪华吧台设计无边界视觉。另配合水晶面板珠光设计彰显高雅气质，十字星形底纹犹如水晶 ES 标志闪耀的光芒洒落在玻璃上而泛起的点点涟漪，让用户近观而惊叹，远视则留恋，任凭时光流逝依然纯净如新。

**特点**描述

图 4-86　超宽大吧台

**超宽大吧台**　与门体同宽豪华吧台设计，无边界视觉，不受限制的自由美感，整体更美观，能够同时容纳较多的酒品饮料。轻触式吧台开关，用户可以轻松取出美酒并享用，喜欢喝调制酒的朋友也可以在吧台上进行简单的调制，非常具有时尚感，创艺格调生活从此打开。

## 镜面隐形显示屏

镜面 LCD 显示屏，隐形设计，提升冰箱外形和谐度，时尚的轻触式按键，操作方便。触摸式按键寿命更长久，也容易清洁，享受轻松的厨房生活。

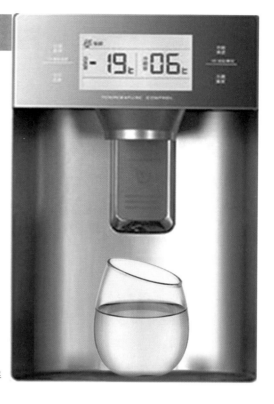

图 4–87　镜面隐形显示屏

## 专业内置水源门上自动制冰机

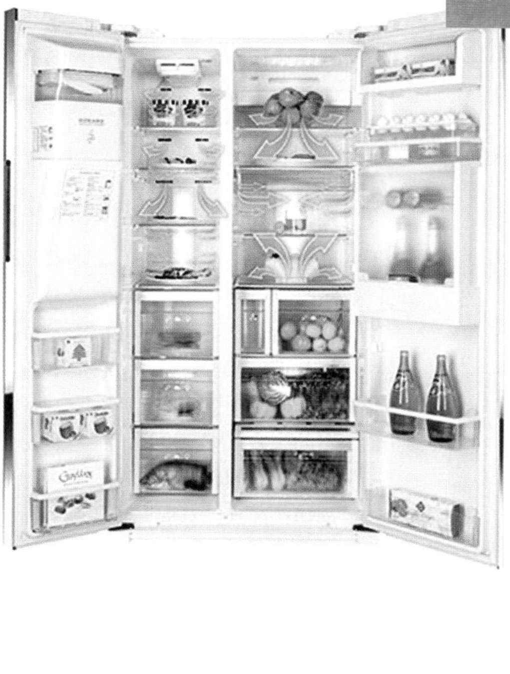

门上制冰，空间挪移，增加冷冻室可用容积，制冰机部分可拆卸，配合整体不锈钢弧形的取冰座，磨砂打磨。一键通控制系统，整冰、碎冰、冰水混合，一键选择即可实现冰、水独立动力系统，可以实现独立取冰、取冰水，也可同时取用冰和水。

图 4–88　专业内置水源门上自动制冰机

**功能** 内置水源设计，无水管、水桶，美观且卫生；光波增鲜，模拟五种有益于果蔬生长的光波，给果蔬做日光浴，增加营养；维生素 C 保鲜，增加维生素 C 因子，提升保湿效果，其中的活性酶融菌还能起到杀菌、除臭的作用。

**技术** 采用一流变频压缩机，保鲜好、噪声小、更加节能。

**生活方式形成** 搭配温馨的白色让产品能够更完美的融入家庭环境；全宽视角吧台，方便用户营造浪漫生活，所有的设计都是为用户感受卡萨帝所营造的家的艺术。

**设计3.0趋势体现评估**

该产品使用物联技术与远程控制，良好的用户体验与用户为中心的设计，符合设计3.0智能化趋势。

表4-18 卡萨帝对开门冰箱 NEE 评价表

| | | 产品评价标准 | 评估 |
|---|---|---|---|
| 自然属性 | 造型 | 整体协调性 | ● |
| | | 流行趋势 | ◑ |
| | | 情景针对性 | ● |
| | | 品牌特征 | ● |
| | 功能 | 合理 | ● |
| | | 完整 | ● |
| | | 强大 | ● |
| | | 拓展 | ● |
| | 质量 | 可靠性 | ● |
| | | 加工工艺 | ● |
| | 技术 | 先进性 | ● |
| | | 稳定性 | ● |
| | | 兼容性 | ● |
| | 内容 | 合理 | N/A |
| | | 健康 | N/A |
| | | 更新 | N/A |
| | 生态效率 | 生态足迹 | ○ |
| | | 节能 | ◑ |
| 体验属性 | 使用体验 | 人机交互 | ● |
| | | 情感 | ◑ |
| | 生活方式形成 | 生活环境 | ● |
| | | 生活习惯 | ● |
| | | 生活态度 | ● |
| | | 生活质量 | ◑ |
| | 广泛利益 | 间接用户 | ● |
| | | 影响范围 | ◑ |
| | | 社会责任 | ◑ |
| | 文化构建 | 审美趋势 | ● |
| | | 行为模式 | ◑ |
| | | 符号与内容 | ◑ |
| | | 价值观 | ◑ |
| 经济属性 | 企业内部 | 盈利 | ● |
| | | 市场占有率 | ◑ |
| | | 对品牌的贡献 | ● |
| | 产业影响 | 商业模式的改变 | ● |
| | | 周边产品种类及规模 | N/A |
| | | 带动或创造全新产业链 | N/A |

注：●高 ◑中 ○低 N/A 不可用 / 不适用 / 无法获得 / 无

为了拉近用户与冰冷的冰箱之间的距离，增加大家电产品的亲和力，使得冰箱成为家里温馨的一部分，卡萨帝对开门冰箱首次将施华洛世奇水晶运用在冰箱设计中，并搭配温馨的白色纯平玻璃面板，让产品能够更完美地融入家庭环境；同时为了方便用户营造浪漫生活，为冰箱设计的全宽视角吧台，用户取用冷藏酒更加快捷方便；而冷冻门体上设计的外置冰水分配器，在凉爽夏日不再麻烦，冰块、冰水一键可得。所有好的设计都是让用户更直接地享受到卡萨帝所营造的家的艺术。

为了满足中国消费者的储存食品习惯，卡萨帝对开门冰箱加大了冷冻空间，设计抽屉空间与层架空间比例为1:1；同时，这款冰箱层架均可调节，其支撑点密集，方便用户随意搭配空间；并且，冷藏室的海尔专利可推拉翻转搁物架，方便容纳大件物品，即使不拆取搁物架，只要"一推一翻"就可以放置汤锅等容器。这款卡萨帝对开门冰箱非常注重细节的雕琢。传统冰箱的塑料滑道抽拉时间久了，会造成磨损，导致抽拉不顺畅，而这款冰箱采用三重钢制滑轨，保证滑轨的持久使用，并且，抽屉可以全程拉出，存取食品更方便。

**产品**概述

图 4-89　长虹 CHiQ 537Q1B
冰箱

　　长虹美菱 CHiQ 537Q1B 冰箱（以下简称"CHiQ
冰箱"）是以"智能管家式的冰箱"为设计理念而开
发的，前期经过了大量的用户研究，为了实现"保质
随时提醒、新鲜随时调节、节约随时掌握"的用户需
求，整合了云图像识别、云计算、物联网、大数据、
变频等多种技术，彻底改变了传统冰箱"储物柜"式
的被动接受模式，实现了冰箱与用户之间的信息互
动，成为厨房智慧管家。

　　外观上，采用了经典法式造型，融合了欧洲设计
风格；平板操控面板使用户可以实现对冰箱的语音识
别、远程操控、个性化定制等；深棕色金属质感的玻
璃面板"星空"，兼具科技感与艺术感。

　　内饰上，全新时尚魔盒，更好的隔离存储食品，
保鲜更独立；红黄绿保质期提醒、远程控制、远程故
障诊断等技术、LECO 光生态保鲜系统等，真正让用
户做到省心、省事、省钱。

**特点**描述

云图像识别

通过端云一体，及具有专利的图像
识别算法和美菱特有的食品保鲜数
据库，能在冰箱显示屏或者移动智
能终端上自动生成食品列表清单，
实现食物的自动管理。

图 4-90　云图像识别

## 红黄绿保质期提醒

CHiQ 冰箱会根据食品列表中记录的信息对食物保鲜期进行分级管理，并以三种颜色来提示用户食物的保鲜状态，最大限度减少因食物超出保质期造成的浪费及对家人健康的不良影响。

### 绝对安全期
绿色区域为安全保鲜区域
可以放心食用

### 临界安全期
黄色区域临界保鲜区
需要尽快使用

### 不能食用期
红色区域的食材
不能再食用

图 4-91　保质期提醒

## 软硬件配合

图 4-92　软硬件配合

CHiQ 冰箱可以根据冰箱中的食物储存需要，自动调节最适宜食物保鲜的温度，并可根据冰箱内价值高或保鲜要求高的食材温度需要，设置冷藏室中一种（唯一）食物温度优先，有效延长食物保鲜时间，最大限度减少浪费。

## LECO 光生态保鲜系统

冰箱箱体内含有的异味和微生物经空气循环被大量收集到 LECO 净味系统内，经过滤网被不断分解为 $CO_2$ 和 $H_2O$，并且释放到空气中的自由基能够主动除菌，营造出清新环境。果蔬得以长久保持鲜活状态，创造出"生态保鲜空间"。

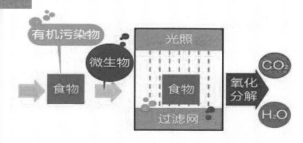

图 4-93　LECO 光生态保鲜系统

表 4-19　长虹 CHIQ 冰箱 NEE 评价表

| 产品评价标准 | | | 评　估 |
|---|---|---|---|
| 自然属性 | 造型 | 整体协调性 | ● |
| | | 流行趋势 | ◑ |
| | | 情景针对性 | ● |
| | | 品牌特征 | ● |
| | 功能 | 合理 | ● |
| | | 完整 | ● |
| | | 强大 | ● |
| | | 拓展 | ● |
| | 质量 | 可靠性 | ● |
| | | 加工工艺 | ◑ |
| | 技术 | 先进性 | ● |
| | | 稳定性 | ● |
| | | 兼容性 | ● |
| | 内容 | 合理 | ◑ |
| | | 健康 | ● |
| | | 更新 | ● |
| | 生态效率 | 生态足迹 | ◑ |
| | | 节能 | ● |
| 体验属性 | 使用体验 | 人机交互 | ● |
| | | 情感 | ● |
| | 生活方式形成 | 生活环境 | ◑ |
| | | 生活习惯 | ● |
| | | 生活态度 | ● |
| | | 生活质量 | ● |
| | 广泛利益 | 间接用户 | N/A |
| | | 影响范围 | N/A |
| | | 社会责任 | ◑ |
| | 文化构建 | 审美趋势 | ◑ |
| | | 行为模式 | ● |
| | | 符号与内容 | ◑ |
| | | 价值观 | ◑ |
| 经济属性 | 企业内部 | 盈利 | ◑ |
| | | 市场占有率 | ◑ |
| | | 对品牌的贡献 | ● |
| | 产业影响 | 商业模式的改变 | ● |
| | | 周边产品种类及规模 | N/A |
| | | 带动或创造全新产业链 | ● |

注：●高　◑中　○低　N/A 不可用 / 不适用 / 无法获得 / 无

**功能**　功能上强大并且具有合理性。采用了无霜空间站，将航天智慧融入无霜保鲜技术，独创双动力风道系统和主动式风冷科技，两大核心技术，引领冰箱新无霜时代。0.1℃变频技术，更是以智慧科技，将 1Hz 精确变频和 0.1℃精确控温两大变频技术融为一体。保证冰箱始终处于最佳运行状态，平衡箱内温度，降低运行能耗，减少箱内温度波动，耗电低、保鲜好。

**生活方式形成**　长虹冰箱通过物联的方式高效地控制冰箱设备，并且通过分类储存食物倡导健康的生活方式，不仅可以随时调节食物保鲜优先级，还可以 GPS 食品定位。对未来智能化的、健康的家庭生活起到了良好的引导作用。

**设计3.0趋势体现评估**

该产品使用物联技术与优势远程控制冰箱和远程故障诊断，智能化优势明显，符合设计 3.0 趋势。

在开发阶段，CHiQ 冰箱的战略团队根据用户研究和市场分析进行了清晰明确的定位，作为一款"智能管家"式的冰箱，实现"保鲜随时掌控、保质期随时提醒、花钱随时清楚"，彻底改变了传统冰箱"储物柜"式的被动接受模式，实现冰箱与用户之间信息互动，并整合了云图像识别、云计算、物联网、大数据、变频等多种技术，成就了这一创新产品的诸多优势。

在营销阶段，CHiQ 冰箱以新鲜的名义杜绝浪费，提出"一年省一台"的推广词。相关权威机构的调研报告显示，一般城镇家庭平均一年由于冰箱内食品过期扔掉或者勉强吃掉的食品金额是2372 元，几乎等于一台三门电控冰箱的金额，通过云图像识别技术、图像历史比对、食物保鲜数据库，CHiQ 冰箱将自动生成从识别到控制的食品列表清单，并对此列表中的记录信息对食物保鲜期进行分级管理，最大限度减少因为食物超出保质期造成的浪费。帮助消费者实现"一年省一台"经济管理，更能激起消费者的购买欲望。

长虹 CHiQ 冰箱不止是给消费者带来了实实在在的好处，它还颠覆了冰箱与人的交互方式，重新定义了智能冰箱，拉开了白电市场智能化的大幕，为消费者真实需求爆发放闸。技术驱动带来的自我颠覆，将改变冰箱发展的轨迹和现有竞争格局。回馈给长虹品牌最大的美誉，给消费者、商家带来最大的价值和收益。

长虹 CHiQ537Q1B 冰箱部分介绍资料由长虹集团提供

# 4.20 KFR-50LW/(50586)FNAa-A1
## 全能王 –i 尊 II
### 格力电器股份有限公司

**产品**概述

图 4-94　格力全能王 – i 尊 II 空调

格力全能王 – i 尊 II 空调（以下简称"格力全能王"）是格力电器自主创新、颠覆传统的一款高端立式旗舰空调。造型设计灵感源自飞流直下的瀑布，机身修长挺拔，正面采用透明材料注塑成型，同时镶嵌电镀件精致装饰；滑动舱设计时通过遥控器或操作面板控制滑动舱的开启，露出两侧出风口，关机时滑动舱可以闭合，有效防尘防污，保持机身干净整洁。滑动舱外层采用透明水晶玻璃板，内嵌优质铝合金型材，夹层采用高级幻彩材料装饰，使得整机外观晶莹剔透，配合修长挺拔的机身，彰显玉树临风的气质。

图 4-95　独特造型与滑动舱设计

**特点**描述

造型设计

正面采用透明水晶材料成型，凹凸纹效果，镶嵌精致电镀装饰件，配合侧面滑动舱波光粼粼的质感，营造了瀑布飞流直下、清新透爽的感觉。整机顶视形态采用三角形设计，最大限度地降低视觉尺寸，适合家居摆放，颠覆柜机非方即圆的传统造型。

## 独特的滑动舱设计

通过遥控器和操控面板控制滑动舱徐徐开启，关机时，位于机身两侧的滑动舱向前方滑动靠拢，实现整机无缝闭合，科技感强，同时能有效防尘防污。侧面滑动舱采用透明热压水晶玻璃材料，内嵌优质铝合金型材，夹层采用高级幻彩材料装饰，凸显质感。

## 新一代 WIFI 操作

图 4-96　新一代 WIFI 操作

近程、远程模式切换自如，通过无线路由，打破空间局限，实现远程操控。

图 4-97　隐藏式触摸显示屏

## 隐藏式触摸显示屏

在关机状态下，操作区完全隐藏，与空调整体完美结合，开机时，只需手指轻轻触动，各种功能就能轻松操控，非常便捷。

## 首创 Max 无界送风系统

环抱式出风设计，送风广角达140°；8.5m 超远距离送风，解决了空调使用时同一空间、不同位置存在的温差问题，以及忽冷忽热引发的感冒、头痛等空调综合征，让用户的体温感波动近乎于零，是一款名副其实的生态柜机。

140° 无死角送风　　1～1.2m超大扫风厚度

8.5m超远送风距离

图 4-98　无界送风系统

表 4-20　格力全能王 NEE 评价表

| 产品评价标准 | | | 评 估 |
|---|---|---|---|
| 自然属性 | 造型 | 整体协调性 | ● |
| | | 流行趋势 | ◑ |
| | | 情景针对性 | ● |
| | | 品牌特征 | ● |
| | 功能 | 合理 | ● |
| | | 完整 | ● |
| | | 强大 | ● |
| | | 拓展 | ● |
| | 质量 | 可靠性 | ● |
| | | 加工工艺 | ● |
| | 技术 | 先进性 | ● |
| | | 稳定性 | ● |
| | | 兼容性 | ◑ |
| | 内容 | 合理 | N/A |
| | | 健康 | N/A |
| | | 更新 | N/A |
| | 生态效率 | 生态足迹 | N/A |
| | | 节能 | ● |
| 体验属性 | 使用体验 | 人机交互 | ● |
| | | 情感 | ● |
| | 生活方式形成 | 生活环境 | ● |
| | | 生活习惯 | ● |
| | | 生活态度 | ● |
| | | 生活质量 | ● |
| | 广泛利益 | 间接用户 | N/A |
| | | 影响范围 | ◑ |
| | | 社会责任 | ◑ |
| | 文化构建 | 审美趋势 | ◑ |
| | | 行为模式 | ● |
| | | 符号与内容 | ○ |
| | | 价值观 | ○ |
| 经济属性 | 企业内部 | 盈利 | ● |
| | | 市场占有率 | ● |
| | | 对品牌的贡献 | ● |
| | 产业影响 | 商业模式的改变 | N/A |
| | | 周边产品种类及规模 | N/A |
| | | 带动或创造全新产业链 | N/A |

注：●高　◑中　○低　N/A 不可用／不适用／无法获得／无

**造型**　情景针对性强，针对用户在家居生活中不同的产品使用情景，导出远程、近程模式切换的设计，贴合用户需求。

**技术**　采用先进制冷与芯片集成控制技术，降低能耗使用，拥有自主知识产权，将技术更好地融入生活，引领智慧家电发展。

**功能**　突破空调核心制冷功能，产品结合空气净化技术，为用户打造舒适健康的家居生活环境。

**加工工艺**　外观质感是格力全能王的一大亮点，正面采用透明材料注塑成型，同时镶嵌精致电镀装饰条，更显品质；侧面滑动舱采用透明水晶玻璃，内嵌优质铝合金型材，夹层采用高级幻彩材料装饰，使得整机外观晶莹剔透。

**生活方式形成**　为用户营造轻松、人性化、生态化的家居环境，从而提高人们生活质量。

引导绿色健康的生态家居生活环境，尝试将移动互联网与家电相结合，为用户提供了个性化的家电内容服务平台，符合设计3.0的智能趋势。

**GREE 格力**

格力全能王设计灵感源自飞流直下的瀑布，瀑布是大自然美丽风光和舒适生态环境的代表，自"瀑布"设计方案呈现出来之后，很快就得到了公司领导的高度认可，并指示如何从外观和功能上进行改进，打造一款名副其实的生态柜机。

格力全能王的出风方式为双侧出风，侧装饰板在设计之初，其装饰板水晶渐变效果，现有工艺完全无法实现，工业设计师通过大量市场调研，采集各种设计元素，搜寻能够实现外观效果的一切资源，经过资源整合，采用先精密丝印，然后热压成型的方法实现侧装饰板外观效果。装饰板夹层闪耀效果，完全靠自己独立创造。工业设计师尝试各种解决办法，最后通过采用高级幻彩材料装饰，实现现

有波光粼粼的外观效果。双出风的设计形式，在设计之初，市场无参照前例，必须在保证整体机型尺寸不变的情况下，实现双面出风，工业设计师通过大量的手绘草图，以及平面推理图模拟运动方式，结合项目组实际理论，最终提出一条单贯流风叶通过频率快速的左右摆动实现现有出风效果的方案，使产品最终在不影响产品外观尺寸的前提下，达到修长挺拔的外观效果，此方案为国际独创。在困难面前，格力人从不妥协，本着实干赢取未来，创新成就梦想的精神，格力电器坚持专业化发展战略，求真务实，开拓创新，以缔造全球领先空调企业，成就格力百年的世界品牌为目标，为中国梦贡献更多力量。

格力全能王－ⅰ尊Ⅱ空调部分介绍资料由格力电器股份有限公司提供

产品概述

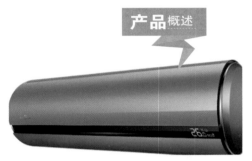

图 4-99　美的 QA100 誉驰空调

美的 QA100 誉驰空调是一款面向中国市场的全封闭式家用挂机空调。整体造型采用将一圆筒切成一半的设计，将传统前面板一直延伸至最上端，在非工作状态时，其可作为进风口盖与机身形成一体，在阻止灰尘落入的同时也实现了导风板与显示板一体化。上半部分的面板在运行时向前倒并往内缩，露出进风口，同时插入中间的显示部位，下部的出风口作为一个很大的导风板，使人体验从上面进风下面出风的自然流畅感。导风板根据运行设定而进行前后旋转，自动引导出最舒适的气流。有深棕色和白色两种配色方案。

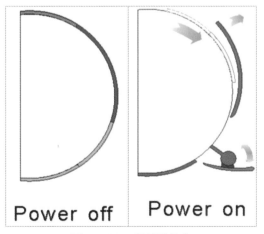

图 4-100　半月形机身

特点描述

半月形
机身

简洁的半月形机身设计让产品更好地与室内环境相融合，一体化的进风口盖在前面板非工作状态时防止了灰尘的侵入，同时使整体无缝隙更加简洁。

**双向伸展式导风翼**

采用双向伸展式导风翼设计，创新伸缩结构犹如装载强壮机械手臂，运行时可对冷暖气流进行不同方位的角度调节，实现淋浴式制冷、地毯式制热，全面开启人性化的舒适送风模式。

图 4-101 双向伸展导风翼

**表面处理**

产品表面采用了金属漆喷涂罩光处理，显示条则采用了覆膜工艺，并配以暗纹效果。

图 4-102 表面处理

**细节精致**

拥有PM2.5强效净化系统

全新弧形面板、细节精致，演绎灵动简约气质，月牙形包裹设计诠释清爽风尚，隐藏式 VLED 显示屏，展示绽放科技之光。

图 4-103 细节精致

**加工工艺** 在挂机上采用了 ABS 注塑 + 喷涂罩光工艺，质感达到了金属材质表面平整度。VLED 隐藏显示，实现关机状态一体化外观。

**使用体验** 产品外观设计基于品牌特征的考量，延续美的空调产品简洁、时尚的形象特征，同时大胆创新，基于消费者实际需求打造全新空调外观。在 CMF 及 UI 界面的应用上依然延续了美的空调的识别语言。外观时尚、产品做工精细、看起来非常有科技感。制冷、制热迅速，超低噪声。不再需要使用防尘罩，清洁起来非常方便。

表 4-21　美的 QA100 誉驰 NEE 评价表

| 产品评价标准 | | | 评 估 |
|---|---|---|---|
| 自然属性 | 造型 | 整体协调性 | ● |
| | | 流行趋势 | ◑ |
| | | 情景针对性 | ● |
| | | 品牌特征 | ◑ |
| | 功能 | 合理 | ● |
| | | 完整 | ● |
| | | 强大 | ● |
| | | 拓展 | ● |
| | 质量 | 可靠性 | ● |
| | | 加工工艺 | ◑ |
| | 技术 | 先进性 | ● |
| | | 稳定性 | ● |
| | | 兼容性 | ● |
| 体验属性 | 内容 | 合理 | N/A |
| | | 健康 | N/A |
| | | 更新 | N/A |
| | 生态效率 | 生态足迹 | ◑ |
| | | 节能 | ● |
| | 使用体验 | 人机交互 | ● |
| | | 情感 | ◑ |
| | 生活方式形成 | 生活环境 | ● |
| | | 生活习惯 | ◑ |
| | | 生活态度 | ◑ |
| | | 生活质量 | ◑ |
| | 广泛利益 | 间接用户 | N/A |
| | | 影响范围 | ○ |
| | | 社会责任 | ◑ |
| | 文化构建 | 审美趋势 | ● |
| | | 行为模式 | ◑ |
| | | 符号与内容 | N/A |
| | | 价值观 | ◑ |
| 经济属性 | 企业内部 | 盈利 | ◑ |
| | | 市场占有率 | ● |
| | | 对品牌的贡献 | ● |
| | 产业影响 | 商业模式的改变 | N/A |
| | | 周边产品种类及规模 | N/A |
| | | 带动或创造全新产业链 | N/A |

注：●高　◑中　○低　N/A 不可用 / 不适用 / 无法获得 / 无

**产业影响**

随着人们对生存环境的重视度的提高，普通家庭对于产品升级换代需求也日益明显，空调防尘和空气净化功能在国内市场消费规模及需求潜力巨大。防尘和净化功能产品将是美的未来几年力推的重点，市场占有率将逐年稳定提升。

**产品在企业中的战略地位**

美的 QA100 誉驰空调革命性实现封闭防尘运动机构，缔造超乎想象的环绕立体舒适气流和使用体验。产品工业设计的创新带给用户以超舒适体验并提高了产品的高科技数字化质感。作为美的旗舰产品，它既是变频空调舒适功能的集大成者、也是工业设计的精品之作。

**产品对国内产业链的影响**

美的 QA100 誉驰空调在行业内率先开创了封闭防尘的健康空调和舒适送风理念，必将成为空调工业设计的潮流风向标，引导空调进一步提升创新设计理念。

設計3.0趨勢
體現評估

該產品體現了健康生活理念，節能環保，符合綠色設計趨勢。

產品背後的
故事

空調內部積塵是最令用戶苦惱的事情，而且大量灰塵的積累會減少空調的使用壽命，根據調查研究的結果，找出原因並解決這些問題從而形成此商品的設計概念。

如何將前面板與進風口一體化形成簡潔的造型；確保工作時進風口的面積，一體化的面板動作方式與產品外觀是否匹配；高效率、節能的實現與內部結構的調整；成本的控制；等等。為解決這些課題而突破了傳統的矩形空調的構造，形成新型半圓筒的設計，將上部進風下部出風的結構用簡單並有特色的設計展示出來。

# 4.22 TG80-1408LPIDG 比弗利滚筒洗衣机
## 无锡小天鹅股份有限公司

**产品**概述

图4-104　小天鹅比弗利滚筒洗衣机

小天鹅比弗利滚筒洗衣机TG80-1408LPIDG（以下简称小天鹅比弗利）具有高贵而静逸的设计风格。这款产品以其完美的造型和独有技术功能成为了未来洗衣机的设计标杆和现代智能家电的典型代表。整体简约、硬朗的现代设计风格，钛金灰整机色彩设计，与环境相融的同时具有时尚感，细腻的金属拉丝控制面板给人一种高质量的感觉，线条大气而不失精细。电镀镜面质感、浪漫，独具巧思的"眼状"前门设计，让洗衣机充满生活灵性。恰当高度的机身，完美的线条分割比例，使用更舒适。设计师以精湛设计满足用户对美的体验，使用户从每一个小细节中感悟生活的品质，内敛的高贵。

**特点**描述

智能精准投放自动余量显示

首创的自动添加技术，洗衣机能自动感知衣物的重量、环境温度及织物种类，经过智能终端的数据处理，判定洗涤剂及柔顺剂的添加量，进行自动添加。

图4-105　自动投放及智能余量显示

超大智能的 FSTN 液晶屏，对比度及舒适度非常适合人眼，而且该机型匹配了全视角的显屏技术，在界面布局

图 4-106　控制面板

上，充分考虑用户的认知习惯，将功能参数设置区放在下方，将 USP 卖点功能区放在右侧，大大降低了因使用频率及操作盲区导致的低效率及误操作，充分体现了设计师对用户体验质量的关注。

开门角度

180° 开门角度，衣物投放自如，窄边双色电镀门圈设计，工艺更精美，视觉更轻巧。

图 4-107　180° 开门角度

底座储物空间

人性化设计底座增加储物空间，同时起到增高作用，不仅能够储放洗涤剂等用具，而且操作更加舒适，加之按键开门，即使是孕妇或老人站着也能轻松开门，大大减少了弯腰的次数。

图 4-108　底座生活储物空间

表 4-22　小天鹅比弗利洗衣机 NEE 评价表

| 产品评价标准 | | | 评估 |
|---|---|---|---|
| 自然属性 | 造型 | 整体协调性 | ● |
| | | 流行趋势 | ● |
| | | 情景针对性 | ● |
| | | 品牌特征 | ● |
| | 功能 | 合理 | ● |
| | | 完整 | ● |
| | | 强大 | ● |
| | | 拓展 | N/A |
| | 质量 | 可靠性 | ● |
| | | 加工工艺 | ● |
| | 技术 | 先进性 | ● |
| | | 稳定性 | ● |
| | | 兼容性 | N/A |
| | 内容 | 合理 | N/A |
| | | 健康 | N/A |
| | | 更新 | N/A |
| 体验属性 | 生态效率 | 生态足迹 | ◑ |
| | | 节能 | ◑ |
| | 使用体验 | 人机交互 | ◑ |
| | | 情感 | ● |
| | 生活方式形成 | 生活环境 | ◑ |
| | | 生活习惯 | ● |
| | | 生活态度 | ◑ |
| | | 生活质量 | ● |
| | 广泛利益 | 间接用户 | N/A |
| | | 影响范围 | N/A |
| | | 社会责任 | ◑ |
| | 文化构建 | 审美趋势 | ● |
| | | 行为模式 | ◑ |
| | | 符号与内容 | ● |
| | | 价值观 | ◑ |
| 经济属性 | 企业内部 | 盈利 | ● |
| | | 市场占有率 | ● |
| | | 对品牌的贡献 | ● |
| | 产业影响 | 商业模式的改变 | N/A |
| | | 周边产品种类及规模 | N/A |
| | | 带动或创造全新产业链 | N/A |

注：●高　◑中　○低　N/A 不可用 / 不适用 / 无法获得 / 无

**造型**　小天鹅比弗利的外观十分具有现代感，通过几何感的造型与精致的质感打造出高品位的外观，能很好地融入现代家居生活之中。

**功能**　精准投放洗涤剂、预约洗衣、特渍洗程序、热平衡烘干等功能使该产品能出色完成日常生活中的洗衣烘干任务，功能完整而且强大。

**生态效应**　小天鹅比弗利相对于传统洗衣机更能节省30%的水量，更加绿色环保，符合当今可持续发展的理念。

**生活方式形成**　小天鹅比弗利会根据衣物量自动精准投放洗涤剂，并且能够预约洗衣，使洗衣更加智能，减少了用户操作，更加智能化。在生活节奏日益加快的今天，便捷了用户的生活，提升了用户的生活品质。

**产品在企业中的战略地位**　小天鹅比弗利自动投放智能洗衣机完善了产品线，颠覆了传统洗衣体验，引领了洗衣方式的智能升级。自动投放技术代表了高端洗衣机的智能发展趋势，又符合家电业绿色低碳的主流方向，在产业升级、技术创新和绿色发展三位一体的动力推动下，将撬动更多的企业参与响应，从而推动洗衣机的行业变革，带动洗衣机市场的消费升级。

该产品体现了智能化的特点，能根据衣物量自动计算并添加洗涤剂，解放了用户。它又是一款节水产品，十分绿色环保。这款产品符合设计3.0的趋势。

产品背后的
故事

### 人性：对事、物的创造发明能力

可添加底座的使用，是小天鹅比弗利人性化设计最好的证明：一方面为用户提供了存放衣物或洗涤用品的空间，另一方面又增加了洗衣机整机的高度，配合斜开门设计，用户不用弯腰就可以轻松实现衣物的取放，让人所感受到的远不只是一台洗衣机，更像是一件工业艺术品。

### 诚实：对现代社会的洞察力

小天鹅比弗利充分结合用户需求，对浸、洗、漂三大水位进行完美配比，按需选择，节水洗净，小天鹅每一步洗衣流程都从细节出发，为用户带来最贴心的呵护。

### 创造：开拓未来的构想力

搭载 i 智能精准投放、智能特渍洗、智能水魔方等创新功能，实现了"精准智投放，干净无残留"的洗衣效果。其中的航空科技活塞泵专利，可以实现不同环境、不同洗涤剂品牌下全能 ±0.5ml 的精准投放效果，并获得 39 项国家专利，7 项国际专利。经权威机构测试，i 智能洗衣机达到了业内最高水平的 1.05 洗净比（在国家新能效标准下），比手动添加提升25%，比普通自动投放提升 20%；在洗涤剂残留对比方面，比手动添加下降 73%，比普通自动投放下降 17%。

### 智能：对社会、环境的思考能力

由于电力是一种特殊商品，难以储存或储存的成本高，属于一种即时生产、即时消费的商品。夜晚，如果能够合理利用非用电高峰时段，也是一种有效的节能手段。小天鹅比弗利滚筒洗衣机特别设计"夜间洗"功能，该程序能够智能设定好转停比、脱水转速等影响声音的因素，以降低洗涤声音，适合用户夜间洗涤，合理利用非用电高峰时段。

小天鹅比弗利滚筒洗衣机部分介绍资料由无锡小天鹅股份有限公司提供

# 4.23 睿泉Ⅱ代 RSJ-15/190RDN3-C 空气能热水机 美的集团

图 4-109　美的睿泉Ⅱ代 RSJ-15/190RDN3-C 空气能热水机

美的睿泉Ⅱ代 RSJ-15/190RDN3-C 空气能热水机（以下简称"美的空气能热水机"）集空气能中央热泵技术与智能电加热热水技术于一体，"双核动力"智能运用，实现短时间全天候即开即用，美的空气能热水机突破地域界限，可在 -30 ~ 43℃的温度范围下稳定运行。同时可以在更短的时间内连续提供大量的热水，即开即用，实现速热、储热合二为一，美的空气能热水机采用一体化设计，不需要安装室外机，占用空间更小，安装维护方便。美的空气能热水机拥有高贵时尚的外表，成为家居环境的装饰。

图 4-110　功能示意图

特点描述

80万次寿命测试安全耐用

1级超强附着涂层拒绝脱落与断裂

480小时耐酸考验超强抗腐蚀能力

国内尖端内胆制造工艺

FERRO内胆涂层粉末材料

## 首创 E+ 蓝钻内胆，全球至高品质

材质采用宝钢专供 BTC 钢板，承压能力超欧洲标准的 29%；原装引进德国 EISENMAN 全自动生产线，采用欧式内胆湿搪工艺，使涂层均匀的与内胆钢板紧密结合；水箱经 80 万次耐压冲击测试，完好无漏，抗冲击能力行业遥遥领先，使用寿命可高达 15 年以上；经过比国标要求高出数百倍的耐酸试验；经 500 小时盐雾试验严格测试仍然完好无损，测试结果达到美国 10 级标准（最高级）。

## 超低温快速制取热水

热泵+辅助热源
－20℃超低温下仍可快速制取热水

图 4–111　双核动力

"双核动力"系统集"空气能"中央热水技术与辅助热源加热技术于一体，即使在冬季低温恶劣气候下，仍可实现全天候即开即用无限量热水。

## 采用 R134a 环保冷媒

美的睿泉系列空气能热水机采用 R134a 环保冷媒，不仅让空气能热水机整体运行更高效，降低能耗，同时不破坏臭氧层的气体，更环保清洁。

## 系统运行稳定可靠

采用国际知名品牌的电子膨胀阀，它完美取代了传统的毛细管，结合微电脑控制程序，精确条件制冷剂循环流量，保证系统稳定可靠运行。采用知名品牌温度压力安全阀，双重感应控制：温度和压力感应控制；当水温或水压过高，安全阀便会自动泄压，使水箱温度压力恢复正常。采用国际知名品牌三重绝缘艾默生（EMERSON）电加热棒，加热棒表面经特殊工艺处理，形成特别保护膜，避免漏电等安全隐患。

**功能**　材料和原件都采用国际标准，首创的 E+ 蓝钻内胆，国际知名品牌的电子膨胀阀，温度压力安全阀，三重绝缘艾默生电加热棒功能十分强大。在保证产品的高效加热功能之余，该产品所使用的材料和智能元件从各个方面考虑到用户使用的安全性，可靠性很好。

**体验**　智能管家具有锁定键盘功能，水温宽范围调节，掉电记忆功能，提前预约用水……这都让用户更简单方便地操作热水机。

表 4-23　美的空气能热水机 NEE 评价表

| 产品评价标准 | | | 评 估 |
|---|---|---|---|
| 自然属性 | 造型 | 整体协调性 | ● |
| | | 流行趋势 | ● |
| | | 情景针对性 | ◑ |
| | | 品牌特征 | ◑ |
| | 功能 | 合理 | ● |
| | | 完整 | ● |
| | | 强大 | ● |
| | | 拓展 | ● |
| | 质量 | 可靠性 | ● |
| | | 加工工艺 | ◑ |
| | 技术 | 先进性 | ● |
| | | 稳定性 | ● |
| | | 兼容性 | ● |
| | 内容 | 合理 | N/A |
| | | 健康 | N/A |
| | | 更新 | N/A |
| | 生态效率 | 生态足迹 | ◑ |
| | | 节能 | ● |
| 体验属性 | 使用体验 | 人机交互 | ● |
| | | 情感 | ◑ |
| | 生活方式形成 | 生活环境 | ● |
| | | 生活习惯 | ● |
| | | 生活态度 | ◑ |
| | | 生活质量 | ● |
| | 广泛利益 | 间接用户 | N/A |
| | | 影响范围 | ○ |
| | | 社会责任 | ◑ |
| | 文化构建 | 审美趋势 | ◑ |
| | | 行为模式 | ● |
| | | 符号与内容 | N/A |
| | | 价值观 | ◑ |
| 经济属性 | 企业内部 | 盈利 | ◑ |
| | | 市场占有率 | ● |
| | | 对品牌的贡献 | ● |
| | 产业影响 | 商业模式的改变 | ● |
| | | 周边产品种类及规模 | N/A |
| | | 带动或创造全新产业链 | ● |

注：●高　◑中　○低　N/A 不可用 / 不适用 / 无法获得 / 无

**生态效率**　美的空气能热水机采用 R134a 环保冷媒，不仅可以使热水机运行高效，降低能耗，同时可以减少二氧化碳的排放，不含破坏臭氧层的氯元素，保护臭氧层，是一个低碳环保的产品。

设计 3.0 趋势
体现评估

该产品采用的 R134a 环保冷媒低碳环保，是一款绿色节能的家电。符合设计 3.0 的绿色趋势。

美的空气能热水机隶属于美的中央空调部门，该部门一直致力于空调技术的研发和创新。多年来，从引进世界先进技术，到与国际化公司合作，在技术和产品创新领域，取得很多新的突破，多项世界领先、国内首创的技术在美的诞生。

美的集团推出的空气能中央热水系列产品，针对家庭市场。从普通的住宅到高档的别墅，从三口之家到四代同堂，均可满足其中央热水的需求。"空气能"热泵热水机与传统电热水器的工作原理不同，"空气能"热泵热水机是在电能驱动下，以制冷剂为载体，从空气中吸收热量以制热水，其输出能量是输入电能4倍以上。在全社会倡导"节能减排"的时代，"空气能"热水机在节能、安全、舒适等方面的独特优势，为越来越多的人所认识和喜爱。

美的QA100誉驰空调部分介绍资料由美的集团提供

**产 品**概述

图 4-112　方太云魔方 CXW-200-EMO1T 吸油烟机

方太云魔方 CXW-200-EMO1T 吸油烟机（以下简称"方太云魔方"）搭载 5 大发明专利，以革新性的动力系统和颠覆性的设计理念，赋予厨房前所未见的清新体验。

1 开创性的"蝶翼环吸板"设计，实现了"立方环吸"，使欧式油烟机笼烟能力从水平方向到垂直方向全面外扩，核心负压区下降，超大笼烟力，有效减少油烟逃逸，确立了新一代欧式油烟机的全新标准；

2 "静流弧内增压"技术，匹配"元宝腔设计"，排烟更快一倍，告别油烟紊流；

3 鹦鹉螺畅吸风道设计，油烟贴合蜗壳弧度排出，阻力小噪声低；仿生羽翼叶轮，汲取自然灵感，优化气流轨迹，实现低噪运行；

4 "双变 R 有源降噪蜗舌"，有效抵消油烟机工作产生的噪声，吸得干净更能吸得安静；

5 自动巡航增压技术，全面升级至 380Pa，公共烟道畅行无忧。

**特 点**描述

吸油烟效果

本产品将传统顶吸技术改为"蝶翼环吸"，创新采用了"蝶翼环吸板"，实现了油烟"立方环吸效应"，控烟范围更广，使欧式吸油烟机笼烟能力从水平方向到垂直方向全面外扩；有效减少油烟逃逸；实现加速进烟。

图 4-113　蝶翼环吸效果

## 高效静吸，实现静与净的双赢

搭载方太专利"高效静吸"科技，将重量级的动力系统与人性化的静音科技完美相融。优化的鹦鹉螺畅吸风道，蜗壳采用仿生鹦鹉螺对数曲线设计，油烟贴合蜗壳弧度排出，阻力小噪声低。在保证吸油烟效果的同时，有效降低噪声至图书馆级的48dB。

## 设计独特，工艺精湛

图4-114 操作面板

本产品整机设计协调一致，家族式T-style前脸设计，将精粹不锈钢面板与六道工艺打造的黑晶玻璃完美相嵌，征服所有挑剔目光；经典的钻石切线设计，卓然出众，设计惊艳。每一道工序都有堪称苛刻的严格标准：相嵌黑晶玻璃的不锈钢面板，便要历经双黏、双焊、双磨等多重精工锻造，达到奢侈品级的精湛工艺。

## 易清洁

方太云魔方的每一个细微之处，都是用心之处，因为更美好的厨房生活，正是来自于一点一滴的贴心体验。超大隐匿油杯，延长清理周期；油杯经压边处理，易洁不伤手；全封边蝶翼环吸板，易于清洁；无需拆卸，轻松打理蝶翼板表层；深度清洁时，蝶翼板可快速拆卸。

**功能** 方太云魔方蝶翼板的设计不仅美观出众，而且具备了欧式吸油烟机笼烟能力，彻底颠覆了传统的顶吸控烟方式，排烟更广、更快、更强。

**技术** 技术领先，利用五大专利技术，实现行业最低噪音的设计，营造图书馆级别的静音效果。

表 4-24 方太云魔方 NEE 评价表

| 产品评价标准 | | | 评估 |
|---|---|---|---|
| 自然属性 | 造型 | 整体协调性 | ● |
| | | 流行趋势 | ● |
| | | 情景针对性 | ● |
| | | 品牌特征 | ● |
| | 功能 | 合理 | ● |
| | | 完整 | ● |
| | | 强大 | ◐ |
| | | 拓展 | ○ |
| | 质量 | 可靠性 | ● |
| | | 加工工艺 | ● |
| | 技术 | 先进性 | ● |
| | | 稳定性 | ● |
| | | 兼容性 | N/A |
| | 内容 | 合理 | N/A |
| | | 健康 | N/A |
| | | 更新 | N/A |
| 体验属性 | 生态效率 | 生态足迹 | ◐ |
| | | 节能 | ◐ |
| | 使用体验 | 人机交互 | ◐ |
| | | 情感 | ◐ |
| | 生活方式形成 | 生活环境 | ● |
| | | 生活习惯 | ◐ |
| | | 生活态度 | ◐ |
| | | 生活质量 | ● |
| | 广泛利益 | 间接用户 | ◐ |
| | | 影响范围 | ◐ |
| | | 社会责任 | ◐ |
| | 文化构建 | 审美趋势 | ● |
| | | 行为模式 | ◐ |
| | | 符号与内容 | ◐ |
| | | 价值观 | ◐ |
| 经济属性 | 企业内部 | 盈利 | ● |
| | | 市场占有率 | ● |
| | | 对品牌的贡献 | ● |
| | 产业影响 | 商业模式的改变 | ◐ |
| | | 周边产品种类及规模 | ○ |
| | | 带动或创造全新产业链 | N/A |

注：●高　◐中　○低　N/A 不可用 / 不适用 / 无法获得 / 无

生活方式形成

中国式的烹饪会制造巨量的油烟排放，这一直是中国用户难以解决的问题。方太云魔方将欧式机精美的外观和更好的吸油烟效果结合起来，改造了生活环境，营造出了更好的厨房空间。可拆洗的蝶翼板，不伤手、无死角，彻底告别了传统难清洗的油腻网罩，省时省力，提高生活品质。

设计3.0趋势体现评估

自动巡航增压技术一定程度体现了产品的智能化；产品注重考虑实际的使用场景和用户需求，以用户为中心的设计符合设计3.0的趋势。

# FOTILE 方太

## 高端厨电领导者

　　E900U 的设计师正立足于"新年轻家庭"提出了大胆的设计构想。"新年轻家庭"的工作压力大、生活压力小，所以他们重视品质并乐于享受生活，乐于接受新鲜事物并崇尚自由和飞翔。由此，通过澎湃音响系统和极致显示屏体的有机组合，产生了"双引擎"的设计构想。设计构思源自飞机引擎，两个音箱酷似双引擎分别置于显示屏左右下侧，故称之为"双引擎"音响。用超薄极窄边框的 4K 高清屏幕给用户还原最真实视觉享受，通过充满澎湃动力的飞机引擎比喻搭载了全频 HiFi 的音响系统，给用户最震撼的听觉体验，一个优秀的设计由此产生。

　　在实现这个构想的过程中，极致纤薄、一体成型的机身，整体化无痕成型的音腔系统，有机形态的横梁，以及机身与底座便捷的连接与拆卸，音频无线传输并达到完美的音画同步等等技术难关。E900U 真正实现了以设计为主导的产品开发理念。

方太云魔方 CXW-200-EMO1T 吸油烟机部分介绍资料由方太集团提供

# 总结与展望

究消费类电子与家电产品的整体发展现状可以发现，当前绝大部分产品仍处于设计 1.0——设备阶段。这些产品基本满足了用户的使用需求，更多的是关注产品造型、功能、材料、技术等自然属性，而在影响和改变现代人生活方式、使用体验、广泛利益、文化构建等体验属性方面还远远不够。

究其原因，表现为传统家电行业正经历着市场饱和、产能过剩、成本上升等诸多外界因素困扰，面临如何构建企业内部核心竞争力问题，企业需要抛弃历史沉重包袱，应对日趋激烈的市场竞争，就需要从生产制造为中心向设计创造为核心的趋势转变，从而成功走上自主创新转型之路。在兼顾产品给企业社会带来的经济效应，以及给用户带来的良好体验基础上，课题组遴选了消费类电子与家电产品行业中具有代表性的优秀设计案例，这些案例大都成功帮助企业树立品牌形象，赢得广泛市场认可，纷纷走上国际化竞争行列，创造了经济及社会价值，引导着人们生活方式变革。令人欣喜的是，许多优秀的企业尝试走出现有阶段的束缚，在设计 2.0——内容阶段上，进行大刀阔斧的创新，走上产品智能化、平台化的道路，构建起智慧型家电生态系统，相继推出突破性的创新产品，走在行业前沿，成为行业的优秀典范。

消费类电子产品，多数是在近几十年间伴随着电子通信技术和计算机技术的发展而兴起的，起步较晚，历史包袱较轻，所以大部分企业以轻量化的规模迅速转型到设计 3.0——平台构建阶段，充分利用互联网、物联网、云计算、大数据等技术调整自身战略，以适应新的时代发展要求。这种以创新为主导的企业，对于健康生活方式、新型消费理念、新兴社交方式和新的家庭结构关系等都给予了充分关注，其以用户为中心的设计体现在产品设计的各个阶段，并开始搭建自身内容和服务平台。新兴企业如雨后春笋，迅速地在市场上崛起，其中能够抓住用户需求的产品也迅速地在市场上扩张，市场上也出现了一大批技术先进、造型美观、质量稳定、用户体验良好的消费类电子产品，这些优秀产品一方面给人们生活带来极大便利，另一方面也在倡导好的生活方式和创造社会价值上做出了极大贡献。

消费类电子与家电产品都直接与消费者的日常生活息息相关，通过全面的深入调研，不难发现此类产品的各个层面都在发生改变。这一方面反映出整个行业蓬勃的发展，企业之间激烈的竞争以及行业市场的欣欣向荣；另一方面也反映出了广大国民生活水平日益提高，开始追求更高、更好的生活品质。消费者在选择家电等产品的时候对设计的要求也越来越高，从而催生出了更多体验良好、以用户为中心的好产品。在此，本书编委会从中选取了具有代表性的产品，编写了本书，通过比对总结优秀案例的设计经验与发展规律，为企业发展转型提供参考，帮助企业提高竞争力。这并不是说其他企业的产品不出色，在初选中已经发现有众多的优秀设计案例，预示着中国设计俨然已经踏上国际化征程。课题组希望有越来越多的优秀设计诞生，也相信这一天并不遥远。

总而言之，创新设计是引领全球信息时代创意、创新、创造的重要战略。本书的编写和出版，突出了案例的启发性、引导性、前瞻性，努力反映创新设计的发展趋势。希望本书的出版，一方面能让公众更好地认识创新设计，并激发全民成为创新设计的积极参与者；另一方面，通过设计评价标准的导向作用，以及对于设计属性的反思，更好地指引消费类电子与家电产品企业的转型升级，制定创新设计的发展规划，为实现设计创造强国，发挥更为积极、更为重要的作用。

**图片说明**

| 企业名称 | 图例编号 | 图例名称 | 图　片　来　源 |
|---|---|---|---|
| 小米科技有限责任公司 | 图 4-1 | 小米智能手机 M4 | 小米智能手机 M4［EB/OL］.［2014-08-27］. http://www.mi.com/mi4/gallery |
| | 图 4-2 | 手机爆炸图 | 手机爆炸图［EB/OL］.［2014-08-27］. http://www.mi.com/mi4/summary#fea-five |
| | 图 4-3 | 手机摄像头 | 摄像头［EB/OL］.［2014-08-27］. http://www.mi.com/mi4/camera |
| | 图 4-4 | 小米手环免密码解锁 | 小米手环免密码解锁［EB/OL］.［2014-08-27］. http://www.mi.com/mi4/summary#fea-nine |
| | 图 4-5 | 高色彩饱和度屏 | 高色彩饱和度屏［EB/OL］.［2014-08-27］. http://www.mi.com/mi4/gallery |
| | | 北京小米科技有限责任公司标志 | 北京小米科技有限责任公司标志［EB/OL］.［2014-08-27］. http://www.mi.com |
| 联想集团 | 图 4-6 | 联想 YOGA3 PRO 笔记本电脑 | 联想 YOGA3 PRO 笔记本电脑［EB/OL］.［2014-09-01］. http://appserver.lenovo.com.cn/Lenovo_Series_List.aspx?CategoryCode=A03B07C17&ngAdID=sem_bd_zone_tit_yoga2#remote-tab-3 |
| | 图 4-7 | 屏幕 360° 旋转 | 屏幕 360° 旋转［EB/OL］.［2015-07-01］. http://appserver.lenovo.com.cn/Lenovo_Series_List.aspx?CategoryCode=A03B07C17 |
| | 图 4-8 | 超高清分辨率 | 超高清分辨率［EB/OL］.［2015-07-01］. http://appserver.lenovo.com.cn/Lenovo_Series_List.aspx?CategoryCode=A03B07C17 |
| | 图 4-9 | 语音和手势操控 | 语音和手势操控［EB/OL］.［2015-07-01］. http://appserver.lenovo.com.cn/Lenovo_Series_List.aspx?CategoryCode=A03B07C17 |

| 企业名称 | 图例编号 | 图例名称 | 图 片 来 源 |
|---|---|---|---|
| 联想集团 | | 联想集团标志 | 联想集团标志<br>［EB/OL］.［2014-09-01］. http://appserver.lenovo.com.cn/Lenovo_Series_List.aspx?CategoryCode=A29B01#remote-tab-1 |
| | 图 4-10 | 联想 HORIZON II 27 | 联想<br>HORIZON II 27［EB/OL］.［2014-09-01］.http://appserver.lenovo.com.cn/Lenovo_Series_List.aspx?CategoryCode=A29B01#remote-tab-2 |
| | 图 4-11 | 多人互动体验 | 多人互动体验<br>［EB/OL］.［2014-09-01］. http://appserver.lenovo.com.cn/Lenovo_Series_List.aspx?CategoryCode=A29B01#remote-tab-1 |
| | 图 4-12 | "地平线"设计理念 | "地平线"设计理念<br>［EB/OL］.［2014-09-01］. http://appserver.lenovo.com.cn/Lenovo_Series_List.aspx?CategoryCode=A29B01#remote-tab-1 |
| | 图 4-13 | 充沛动力，极速体验 | 充沛动力，极速体验<br>［EB/OL］.［2014-09-01］. http://appserver.lenovo.com.cn/Lenovo_Series_List.aspx?CategoryCode=A29B01#remote-tab-1 |
| 小米科技有限责任公司 | 图 4-14 | 小米盒子高清网络机顶盒 | 小米盒子高清网络机顶盒<br>［EB/OL］.［2014-08-28］. http://www.mi.com/hezi |
| | 图 4-15 | 海量内容 | 海量内容<br>［EB/OL］.［2014-08-28］. http://www.mi.com/hezi |
| | 图 4-16 | 多屏内容投射 | 多屏内容投射<br>［EB/OL］.［2014-08-28］. http://www.mi.com/hezi |
| | 图 4-17 | 蓝夜音箱外设 | 蓝夜音箱外设<br>［EB/OL］.［2014-08-28］. http://www.mi.com/hezi |
| | 图 4-18 | 连接 U 盘 | 连接 U 盘<br>［EB/OL］.［2014-08-28］. http://www.mi.com/hezi |
| | 图 4-19 | 遥控器 | 遥控器［EB/OL］.［2014-08-28］. http://www.mi.com/hezi |

| 企业名称 | 图例编号 | 图例名称 | 图　片　来　源 |
|---|---|---|---|
| 海尔集团 | 图 4-20 | 海尔空气盒子 KZW-A01U1 | 海尔空气盒子 KZW-A01U1<br>［EB/OL］.［2014-08-20］. http://www. haier.com/cn/consumer/cloud/airbox/201405/t20140504_219710.shtml |
| | 图 4-21 | 智能化 | 智能<br>［EB/OL］.［2014-08-20］. http://www. haier.com/cn/consumer/cloud/airbox/201405/t20140504_219710.shtml |
| | 图 4-22 | 远程遥控 | 遥控<br>［EB/OL］.［2014-08-20］. http://www. haier.com/cn/consumer/cloud/airbox/201405/t20140504_219710.shtml |
| | 图 4-23 | 自动监测 | 检测<br>［EB/OL］.［2014-08-20］. http://www. haier.com/cn/consumer/cloud/airbox/201405/t20140504_219710.shtml |
| | 图 4-24 | 随时随地了解天气状况 | 天气<br>［EB/OL］.［2014-08-20］. http://www. haier.com/cn/consumer/cloud/airbox/201405/t20140504_219710.shtml |
| | | 海尔集团标志 | 海尔集团标志<br>［EB/OL］.［2014-08-20］. http://www.haier. com/cn/ |
| | 图 4-25 | 海尔 Smart Center HW-U1 智慧管家 | 海尔 Smart Center HW-U1 智慧管家<br>［EB/OL］.［2014-08-21］. http://www.haier. com/cn/consumer/cloud/smartcenter/201404/t20140425_218019.shtml |
| | 图 4-26 | 一键传屏 | 一键传屏<br>［EB/OL］.［2014-08-21］. http://www.haier. com/cn/consumer/cloud/smartcenter/201404/t20140425_218019.shtml |
| | 图 4-27 | 两屏互动 | 两屏互动<br>［EB/OL］.［2014-08-21］. http://www.haier. com/cn/consumer/cloud/smartcenter/201404/t20140425_218019.shtml |
| | 图 4-28 | 家电控制 | 家电控制<br>［EB/OL］.［2014-08-21］. http://www.haier. com/cn/consumer/cloud/smartcenter/201404/t20140425_218019.shtml |
| | 图 4-29 | 智能家居 | 智能家居<br>［EB/OL］.［2014-08-21］. http://www.haier. com/cn/consumer/cloud/smartcenter/201404/t20140425_218019.shtml |

| 企业名称 | 图例编号 | 图例名称 | 图 片 来 源 |
|---|---|---|---|
| 科沃斯机器人科技（苏州）有限公司 | 图 4-30 | 科沃斯亲宝 3 系家庭智能机器人 | 资料由科沃斯机器人科技（苏州）有限公司提供 |
| | 图 4-31 | 远程操控 | 资料由科沃斯机器人科技（苏州）有限公司提供 |
| | 图 4-32 | 贴心陪伴 | 资料由科沃斯机器人科技（苏州）有限公司提供 |
| | 图 4-33 | 智能家居管理系统 | 资料由科沃斯机器人科技（苏州）有限公司提供 |
| | | 科沃斯机器人科技（苏州）有限公司标志 | 资料由科沃斯机器人科技（苏州）有限公司提供 |
| 深圳市腾讯计算机系统有限公司 | 图 4-34 | 腾讯路宝智能盒子 | 腾讯路宝智能盒子<br>［EB/OL］.［2014-08-27］. http://map.qq.com/lubao/hezi/ |
| | 图 4-35 | 产品造型 | 产品三视图<br>［EB/OL］.［2014-08-27］. http://map.qq.com/lubao/hezi/ |
| | 图 4-36 | 语音导航界面 | 语音导航界面<br>［EB/OL］.［2014-08-27］. http://map.qq.com/lubao/?w_id=101 |
| | 图 4-37 | 安全扫描界面 | 安全扫描界面<br>［EB/OL］.［2014-08-27］. http://map.qq.com/lubao/?w_id=101 |
| | 图 4-38 | 实时路况界面 | 实时路况界面<br>［EB/OL］.［2014-08-27］. http://map.qq.com/lubao/?w_id=101 |
| | 图 4-39 | 电子眼实景图 | 各大城市实景图<br>［EB/OL］.［2014-08-27］. http://map.qq.com/lubao/?w_id=101 |
| | 图 4-40 | 油耗计算界面 | 油耗计算界面<br>［EB/OL］.［2014-08-27］. http://map.qq.com/lubao/?w_id=101 |
| | | 深圳市腾讯计算机系统有限公司标志 | 腾讯标志<br>［EB/OL］. http://map.qq.com |
| 缤刻普锐科技有限责任公司 | 图 4-41 | Latin 智能健康秤 | 资料由缤刻普锐科技有限责任公司提供 |
| | 图 4-42 | 使用简便 | 资料由缤刻普锐科技有限责任公司提供 |
| | 图 4-43 | 硬件配置 | 资料由缤刻普锐科技有限责任公司提供 |
| | 图 4-44 | 手机端可视化测量数据 | 资料由缤刻普锐科技有限责任公司提供 |
| | 图 4-45 | 手机端界面 | 资料由缤刻普锐科技有限责任公司提供 |
| | | 缤客普锐科技有限公司标志 | 资料由缤刻普锐科技有限责任公司提供 |

| 企业名称 | 图例编号 | 图例名称 | 图　片　来　源 |
|---|---|---|---|
| 广州九木数码科技有限公司 | 图 4-46 | MUMU 血压计 | 资料由广州九木数码科技有限公司提供 |
| | 图 4-47 | 测量范围 | 资料由广州九木数码科技有限公司提供 |
| | 图 4-48 | 大量的支持设备 | 资料由广州九木数码科技有限公司提供 |
| | 图 4-49 | 实时通知 | 资料由广州九木数码科技有限公司提供 |
| | 图 4-50 | 多用户测量 | 资料由广州九木数码科技有限公司提供 |
| | 图 4-51 | 健康服务 | 资料由广州九木数码科技有限公司提供 |
| | | 广州九木数码科技有限公司标志 | 资料由广州九木数码科技有限公司提供 |
| 深圳市海博思科技有限公司 | 图 4-52 | 宝儿 Shield 智能体温计 | 资料由深圳市海博思科技有限公司提供 |
| | 图 4-53 | 全天候监护 | 资料由深圳市海博思科技有限公司提供 |
| | 图 4-54 | 体温计内部结构 | 资料由深圳市海博思科技有限公司提供 |
| | 图 4-55 | 智能警报 | 资料由深圳市海博思科技有限公司提供 |
| | 图 4-56 | 硅胶材质 | 资料由深圳市海博思科技有限公司提供 |
| | | 深圳海博思科技有限公司 | 资料由深圳市海博思科技有限公司提供 |
| 广东乐心医疗电子股份有限公司 | 图 4-57 | Bonbon 乐心微信智能手环 | 资料由广东乐心医疗电子股份有限公司提供 |
| | 图 4-58 | 蓝牙芯片 | 资料由广东乐心医疗电子股份有限公司提供 |
| | 图 4-59 | 微信一扫即用 | 资料由广东乐心医疗电子股份有限公司提供 |
| | 图 4-60 | 自由佩戴方式 | 资料由广东乐心医疗电子股份有限公司提供 |
| | | 广东乐心医疗电子股份有限公司标志 | 资料由广东乐心医疗电子股份有限公司提供 |
| 深圳麦开网络科技有限公司 | 图 4-61 | Cuptime 智能水杯 | 资料由深圳麦开网络科技有限公司提供 |
| | 图 4-62 | 算法精确 | 资料由深圳麦开网络科技有限公司提供 |
| | 图 4-63 | 饮水计划 | 资料由深圳麦开网络科技有限公司提供 |
| | 图 4-64 | 水温提示 | 资料由深圳麦开网络科技有限公司提供 |
| | 图 4-65 | 配合手机端应用 | 资料由深圳麦开网络科技有限公司提供 |
| | | 麦开网标志 | 资料由深圳麦开网络科技有限公司提供 |

| 企业名称 | 图例编号 | 图例名称 | 图　片　来　源 |
|---|---|---|---|
| 厦门市拙雅科技有限公司 | 图 4-66 | 顽石 2 代户外防水蓝牙音箱 | 资料由厦门市拙雅科技有限公司提供 |
| | 图 4-67 | 立体环绕音示意 | 资料由厦门市拙雅科技有限公司提供 |
| | 图 4-68 | 内部结构示意 | 资料由厦门市拙雅科技有限公司提供 |
| | 图 4-69 | 防水防跌落 | 资料由厦门市拙雅科技有限公司提供 |
| | 图 4-70 | 免提通话示意 | 资料由厦门市拙雅科技有限公司提供 |
| | | 厦门市拙雅科技有限公司标志 | 资料由厦门市拙雅科技有限公司提供 |
| 科沃斯机器人科技（苏州）有限公司 | 图 4-71 | 窗宝 W730 智能擦窗机器人 | 资料由科沃斯机器人科技（苏州）有限公司提供 |
| | 图 4-72 | 自动报警 | 资料由科沃斯机器人科技（苏州）有限公司提供 |
| | 图 4-73 | 智能规划路线 | 资料由科沃斯机器人科技（苏州）有限公司提供 |
| | 图 4-74 | 双吸盘设计 | 资料由科沃斯机器人科技（苏州）有限公司提供 |
| | 图 4-75 | 远程遥控 | 资料由科沃斯机器人科技（苏州）有限公司提供 |
| | 图 4-76 | 三位一体 | 资料由科沃斯机器人科技（苏州）有限公司提供 |
| 长虹集团 | 图 4-77 | 长虹 CHIQ Q1R 电视 | 资料由长虹集团提供 |
| | 图 4-78 | 语音交互 | 资料由长虹集团提供 |
| | 图 4-79 | 多屏互联 | 资料由长虹集团提供 |
| | 图 4-80 | 动态光控 | 资料由长虹集团提供 |
| | 图 4-81 | 搭载丰富平台，语音浏览 | 资料由长虹集团提供 |
| | | 长虹集团标志 | 资料由长虹集团提供 |
| 创维集团 | 图 4-82 | 创维天赐 E900U 电视 | 资料由创维集团提供 |
| | 图 4-83 | 超薄、超窄边设计 | 资料由创维集团提供 |
| | 图 4-84 | 独立音响 | 资料由创维集团提供 |
| | | 创维集团标志 | 资料由创维集团提供 |

| 企业名称 | 图例编号 | 图例名称 | 图 片 来 源 |
|---|---|---|---|
| 海尔集团 | 图 4-85 | 卡萨帝对开门冰箱 BCD-580WBCRH | 资料由海尔集团提供 |
| | 图 4-86 | 超宽大吧台 | 资料由海尔集团提供 |
| | 图 4-87 | 镜面隐形显示屏 | 资料由海尔集团提供 |
| | 图 4-88 | 专业内置水源门上自动制冰机 | 资料由海尔集团提供 |
| 长虹集团 | 图 4-89 | 长虹 CHIQ Q1R 冰箱 | 资料由长虹集团提供 |
| | 图 4-90 | 云图像识别 | 资料由长虹集团提供 |
| | 图 4-91 | 保质期提醒 | 资料由长虹集团提供 |
| | 图 4-92 | 软硬件配合 | 资料由长虹集团提供 |
| | 图 4-93 | LECO 光生态保鲜系统 | 资料由长虹集团提供 |
| 格力电器股份有限公司 | 图 4-94 | 格力全能王－ⅰ尊Ⅱ空调 | 资料由格力电器股份有限公司提供 |
| | 图 4-95 | 独特造型与滑动舱设计 | 资料由格力电器股份有限公司提供 |
| | 图 4-96 | 新一代 WIFI 操作 | 资料由格力电器股份有限公司提供 |
| | 图 4-97 | 隐藏式触摸显示屏 | 资料由格力电器股份有限公司提供 |
| | 图 4-98 | 无界送风系统 | 资料由格力电器股份有限公司提供 |
| | | 珠海格力电器股份有限公司标志 | 资料由格力电器股份有限公司提供 |
| 美的集团 | 图 4-99 | 美的 QA100 誉驰空调 | 资料由美的集团提供 |
| | 图 4-100 | 半月形机身 | 资料由美的集团提供 |
| | 图 4-101 | 双向伸展导风翼 | 资料由美的集团提供 |
| | 图 4-102 | 表面处理 | 资料由美的集团提供 |
| | 图 4-103 | 细节精致 | 资料由美的集团提供 |
| | | 美的集团标志 | 资料由美的集团提供 |
| 无锡小天鹅股份有限公司 | 图 4-104 | 小天鹅比弗利滚筒洗衣机 | 资料由无锡小天鹅股份有限公司提供 |
| | 图 4-105 | 自动投放及智能余量显示 | 资料由无锡小天鹅股份有限公司提供 |
| | 图 4-106 | 控制面板 | 资料由无锡小天鹅股份有限公司提供 |
| | 图 4-107 | 180 度开门角度 | 资料由无锡小天鹅股份有限公司提供 |
| | 图 4-108 | 底座生活储物空间 | 资料由无锡小天鹅股份有限公司提供 |
| | | 小天鹅股份有限公司标志 | 资料由无锡小天鹅股份有限公司提供 |

| 企业名称 | 图例编号 | 图例名称 | 图 片 来 源 |
|---|---|---|---|
| 美的集团 | 图 4-109 | 睿泉 II 代 RSJ-15/190RDN3-C 空气能热水机 | 资料由美的集团提供 |
| | 图 4-110 | 功能示意图 | 资料由美的集团提供 |
| | 图 4-111 | 双核动力 | 资料由美的集团提供 |
| 方太集团 | 图 4-112 | 方太云魔方 CXW-200-EMO1T 吸油烟机 | 资料由方太集团提供 |
| | 图 4-113 | 蝶翼环吸效果 | 资料由方太集团提供 |
| | 图 4-114 | 操作面板 | 资料由方太集团提供 |
| | | 方太集团标志 | 资料由方太集团提供 |

Time
冰箱
冰鉴
中国皇
形制大
镶里，
桶。是
BC475-22

# Trend of Refrigerator
## 冰箱发展趋势

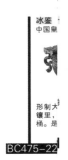

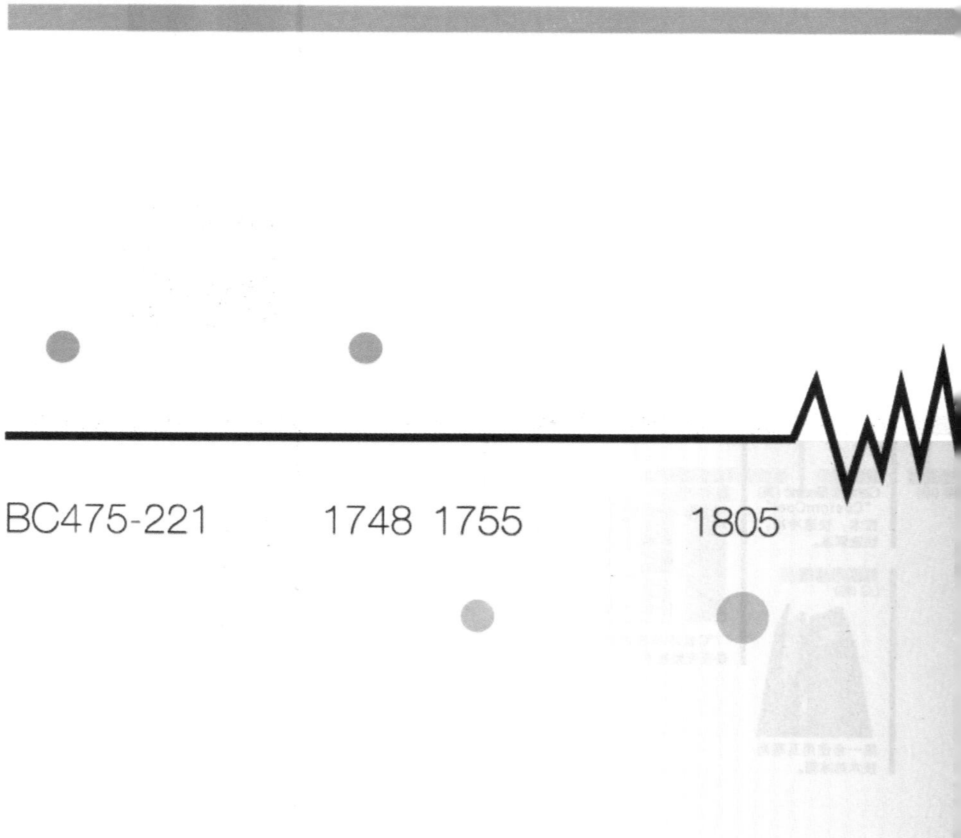
BC475-221
1748 1755
1805

附图 2　冰箱发展趋势图

影响力关系：

共同驱动　　　圆形直径尺寸表示影响力大小

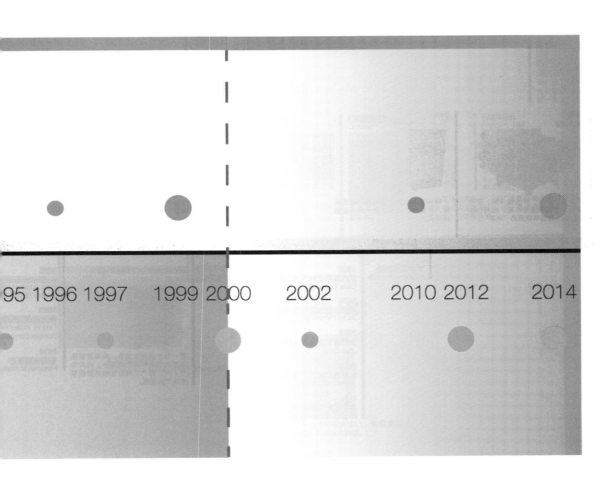

95 1996 1997　1999 2000　2002　2010 2012　2014

2.0